石小黄

"我们赶海去"系列当之无愧的第一主角,本体是一种软体动物——石磺,长得像没壳的蜗牛。石小黄每天都会去探索各种地方,也因此认识了许许多多的海边朋友。

"如果你有幸在红树林看到我,我会免费给你签名的!"

刘博士

"我们赶海去"系列的智慧担当,会讲故事也会传授知识,专门解答石小黄各种稀奇古怪的问题。从天上到地下,从滩涂到深海,你想知道的,刘博士都会告诉你。

"这是什么生物?让刘博士告诉你!"

我们赶海去
海边生物的节日

刘毅 林俊卿 著　林俊卿 绘

目 录

6　**第 1 回**　温柔的"海底风筝"

14　**第 2 回**　连鲨鱼都怕的石斑鱼

22　**第 3 回**　狠起来,自己都毒

30　**第 4 回**　"长嘴"大怪虫

36　**第 5 回**　石小黄和蟹无敌的植树节

44　**第 6 回**　爱晒太阳的"舞媚娘"

51　**第 7 回**　差点渴死在海里的海蛇

59　**第 8 回**　自带"饭勺"的勺嘴鹬

65　**第 9 回**　能省则省的文昌鱼

72　**第 10 回**　惨遭捉弄的缢蛏

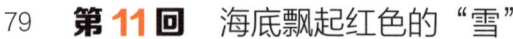

79	**第 11 回**	海底飘起红色的"雪"
85	**第 12 回**	白鹭女王的传说
94	**第 13 回**	碎壳小能手——馒头蟹
101	**第 14 回**	小鳗鱼找妈妈
109	**第 15 回**	龙头鱼的传说
116	**第 16 回**	闲得发慌的水獭
125	**第 17 回**	快跑呀,小海龟!
133	**第 18 回**	"叶绿素神偷"——叶羊
139	**第 19 回**	随缘旅行的海蜗牛
147	**第 20 回**	海马爸爸生宝宝
154	**第 21 回**	大黄鱼的无奈

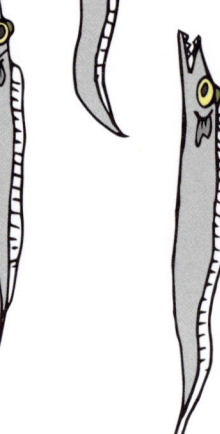
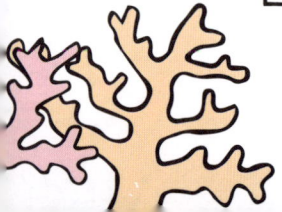

160	第 22 回	萤火虫，好久不见
168	第 23 回	红树林里的百兽之王
176	第 24 回	贪吃的带鱼
183	第 25 回	鲛人泣珠的传说
191	第 26 回	长大是件危险的事儿
198	第 27 回	装神弄鬼的海豆芽
204	第 28 回	爱吹牛的中华乌塘鳢
210	第 29 回	土笋冻原来不是"笋"
217	第 30 回	拯救小黑皮大作战
225	**物种小档案**	
234	**作者有话说**	

第 1 回
温柔的"海底风筝"

就在石小黄心里犯嘀咕的时候，从海里飞出了一群不知道是鱼还是鸟的生物……

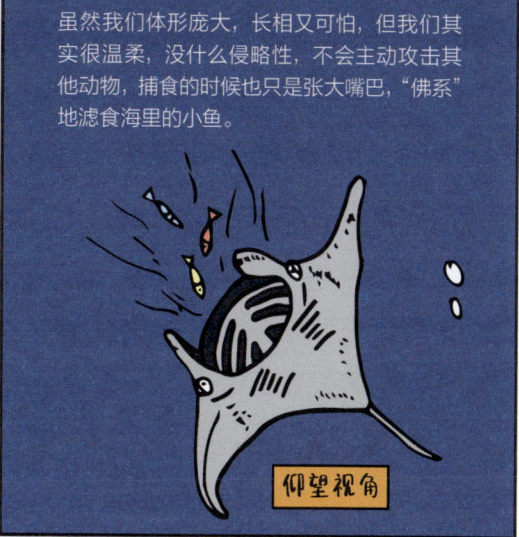

刘博士大讲堂

虽然长得一点也不像鱼，但蝠鲼是一种十分古老的鱼类。蝠鲼和鲨鱼是亲戚，同属软骨鱼纲。

蝠鲼的背部多为黑色或灰蓝色，腹部灰白色，这简直就是恶魔的配色，加上外形可怕，所以蝠鲼又被称为"魔鬼鱼"。

蝠鲼的身体扁平，呈菱形，身后有一条长长的尾巴，头上还有一对由胸鳍分化出的头鳍。乍一看，像是掉在海里的风筝。

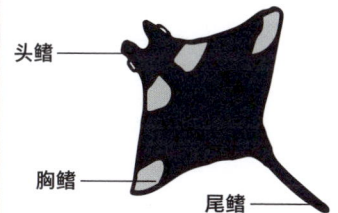

头鳍
胸鳍
尾鳍

张利城 供图　　蝠鲼（腹面）

蝠鲼（背面）
张利城 供图

蝠鲼的体形庞大，特别是双吻前口蝠鲼，平均体宽 4.5 米，最大的个体体宽可达 9 米。

庞大的身躯和怪异的长相使得蝠鲼看起来异常凶狠。其实蝠鲼是一种非常温驯的鱼类，它几乎没有领地意识和攻击性。它们的主要食物是海里的浮游生物和小型鱼类。

我很丑，但我很温柔。

进食的时候，蝠鲼用可以自由转动的头鳍驱赶和引导猎物进入口中，再依靠口中的鳃耙滤去海水，留下食物。

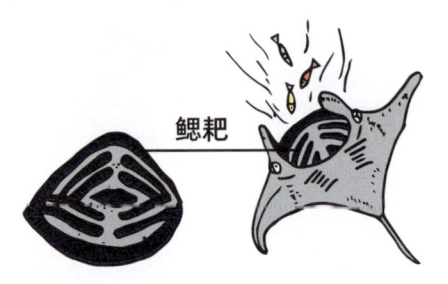
鳃耙

温柔的蝠鲼还拥有强烈的好奇心，它们喜欢和潜水者同游。蝠鲼虽然个性温和，但是体形巨大，如果不小心被它的鳍拍到还是很危险的。刘博士提醒大家，在潜水时一定不要触碰任何野生生物。

蝠鲼大多数时候悠闲安静,但有时候也会从海里腾空一跃,在海面滑翔,就像鸟一样。

我是一只小小鸟。

至于为什么蝠鲼会有如此举动,现在还没有科学定论,比较合理的推测是它们以此来摆脱寄生虫的困扰。

蝠鲼在中国俗称"膨鱼",晒干的蝠鲼鳃耙被称为"膨鱼鳃"。有些人本着"稀奇之物必有神奇之效"的观念,错误地认为"膨鱼鳃"有神奇的药用保健价值。就是这种错误的观念导致蝠鲼被大量捕捞,使它们的种群数量不断减少。

膨鱼鳃

其实由于蝠鲼长期的滤食行为,它们的鳃耙上通常会富集大量的重金属,使得"膨鱼鳃"不仅无法治病,还可能对身体有害。希望我们不要因为愚昧而让这些温柔的"海底风筝"绝迹。

本回就说到这儿,"蟹蟹"收看!

第 2 回
连鲨鱼都怕的石斑鱼

就在小丸子给石小黄画年画的时候，突然蹿出一条大鱼，把石小黄吸进了嘴里……

第 2 回 连鲨鱼都怕的石斑鱼

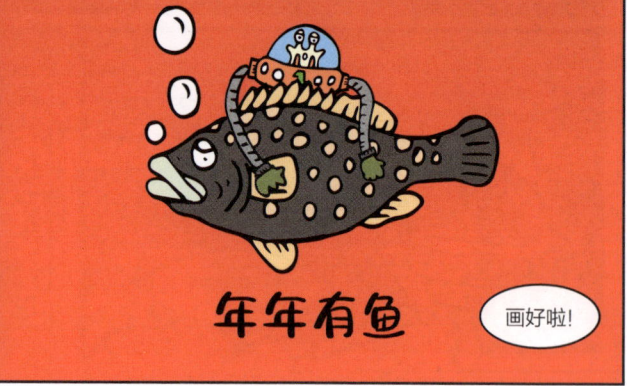

刘博士大讲堂

石斑鱼是石斑鱼亚科鱼类的统称。石斑鱼身体有各色斑点，看上去就像布满花纹的石头一样，它也因此得名。

石斑鱼家族

石斑鱼家族种类繁多，形态颜色各异。有的体形巨大，如本回漫画中出现的龙趸，体长可达2米；有的长得像老鼠，如老鼠斑；有的长着燕子一样的尾巴，如燕尾斑。此外，还有价格昂贵的瓜子斑、泰星斑、东星斑，以及人工杂交、价格亲民的珍珠斑等。

龙趸（dǔn）
老鼠斑　燕尾斑
瓜子斑　泰星斑
东星斑　珍珠斑

龙趸（鞍带石斑鱼）　丁少雄 供图

龙趸（鞍带石斑鱼）

丁少雄 供图

独行侠

大多数石斑鱼为独居性鱼类，除了在繁殖期集群外，平时一般独来独往。石斑鱼成鱼主要栖息于珊瑚礁及近岸岩礁区域，而幼鱼则喜欢在海草床和红树林水域活动。

独处使我快乐。

凶猛的捕食者

石斑鱼是珊瑚礁生态系统的顶级捕食者，擅长潜伏在珊瑚礁缝隙中，等到猎物靠近，再一口吞掉。它们的主要食物为鱼类、甲壳类及头足类等。

海底变色龙

石斑鱼可以随着周围环境的变化而改变体色来伪装自己。它们还会潜伏在珊瑚礁或者礁石缝隙里，不仔细看很难发现它们。

看不到我。

一张大嘴吃天下

当猎物靠近它的狩猎范围，石斑鱼会突然前冲，迅速张开大嘴利用负压把猎物吸进嘴里，再用喉咙里的咽齿将猎物直接吞入肚子。一些巨型石斑鱼甚至连凶猛的鲨鱼都不放过。

石斑鱼能吞下一切它能吞下的猎物。20世纪70年代，美国加利福尼亚州一个潜水员在潜水时被巨型石斑鱼生吞，幸好他的潜水气瓶在石斑鱼体内爆炸，他才得以逃生。

潜水有风险。

自由变化性别

大部分石斑鱼是雌雄同体的。一般来说，石斑鱼初次性成熟时为雌鱼，作为雌性参与繁殖的一年至数年后，雌鱼开始变性成为雄鱼。

哦。

我之前也是女生。

小心有毒

野生石斑鱼的大脑、内脏含有雪卡毒素。这种毒素无法通过烹饪去除，中毒会引发肠胃痉挛、神经错乱、心血管破裂等。其实石斑鱼本身并不带毒，但因为它们经常捕食小鱼，而小鱼又常以含毒的海藻为食，因此毒素也堆积在了石斑鱼的体内。

所以食用野生石斑鱼须谨慎，特别是对毒素耐受力较差的老人和小孩。而我们平常食用的石斑鱼是人工养殖的，远离海里的有毒物质，因此不含毒性。

本回就说到这儿，"蟹蟹"收看！

第 3 回
狠起来，自己都毒

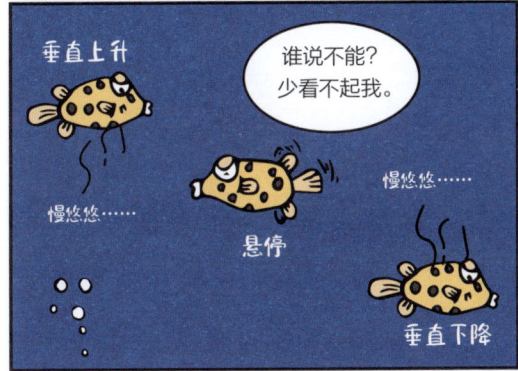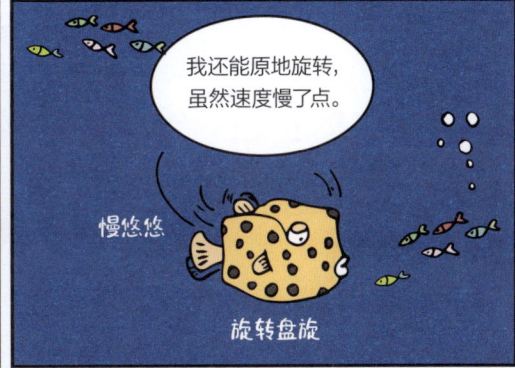

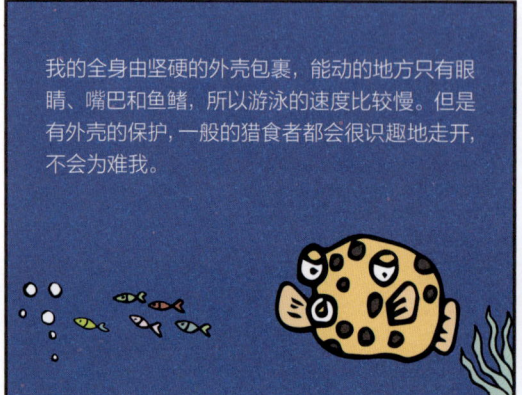

 过了一会儿……

刘博士大讲堂

箱鲀是箱鲀科鱼类的统称,因长得像一个古怪的小箱子而得名。

粒突箱鲀

外形呆萌

箱鲀长相呆萌,噘着小嘴在海里小心翼翼地缓慢游动,一副不开心的样子。它们会用突出的嘴啃食附着在岩石上的小型动物(甲壳类、贝类等)。

造型各异

箱鲀科鱼类有 30 余种。种类不同,造型也不同。从正面看,它们的身体有的呈三角形,有的呈方形。

双峰三棱箱鲀

粒突箱鲀

粒突箱鲀(幼年期)

黄宇 供图

粒突箱鲀（青年期） 黄宇 供图

有些种类的箱鲀身体会有突出的棘刺，就像牛角一样，比如角箱鲀。它们会用棘刺来进行防御。

角箱鲀

角箱鲀

双峰三棱箱鲀

米点箱鲀

金黄六棱箱鲀

骨骼清奇

箱鲀身体坚硬，覆盖着合在一起的坚硬板骨，就像套了一层坚硬的铠甲。

箱鲀的骨骼

箱鲀的铠甲由许多甲片无缝嵌合组成，其中大多数甲片为六边形，少数为五边形或七边形。面对坚硬的铠甲，很多捕食者对其无处下嘴，只能望而却步。

嘻嘻嘻！

啃不动。

第 3 回 狠起来，自己都毒

虽然游得慢,但是控制力强

箱鲀全身除了眼睛、口、鱼鳍可以动之外,其他地方被鱼骨覆盖,不能动弹,就像被关在箱子里的鱼,只能靠伸出来的鱼鳍游动,所以比较笨拙,游速缓慢。

像被关在箱子里

箱鲀虽然游泳能力弱,但是能前后左右自如地游动,还能像直升机一样悬停、原地旋转、垂直爬升或俯冲,可称得上是"海底直升机"。

直升机会的我也会。

独特的呼吸方式

大部分鱼类靠鳃部进行呼吸,但箱鲀的鳃部无法活动,所以只能靠嘴呼吸。它们呼吸的时候会张开嘴,让水从口腔流入鳃部。箱鲀的呼吸频率很高,静止时可以达到每分钟180次。

每分钟180次

身藏剧毒

箱鲀虽然一副人畜无害的样子,但是它们在遇到危险时会从身体表面迅速释放箱鲀毒素。这种神经毒素的毒性是河豚毒素的275倍,而一条河豚体内所含的毒素就能毒死30个成年人。

小弟甘拜下风!

河豚

虽然可以用毒素来吓退敌人,但这些剧毒有时也会将箱鲀自己毒死。所以不要去惹它,箱鲀可是发起飙来连自己都毒的狠角色。

会叫的鱼

箱鲀还是少数能发出叫声的鱼类,它的叫声就像犬吠一样。大家还记得河豚的叫声像什么吗?

本回就说到这儿,"蟹蟹"收看!

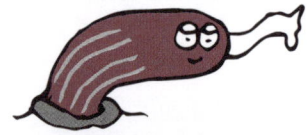

第 4 回
"长嘴"大怪虫

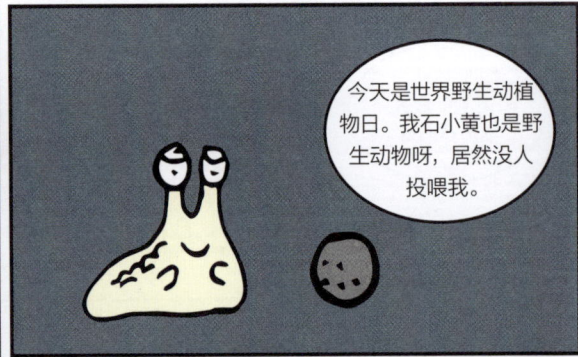

就在石小黄专心致志地挑选夜宵的时候……

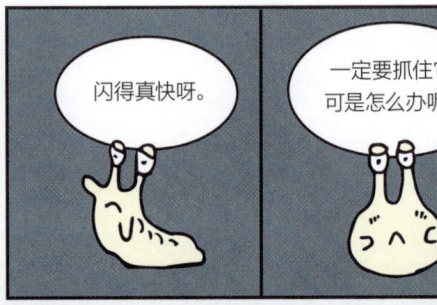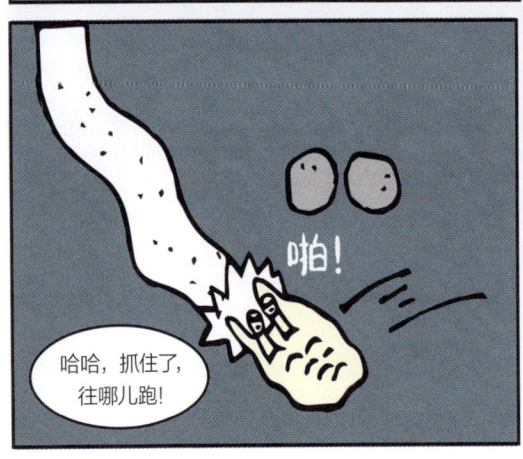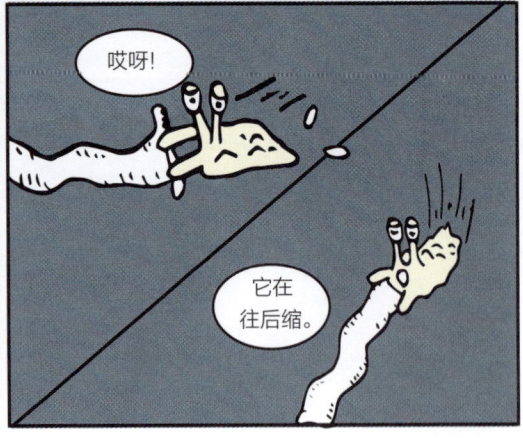

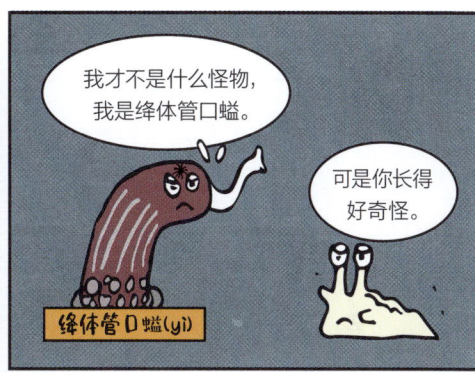
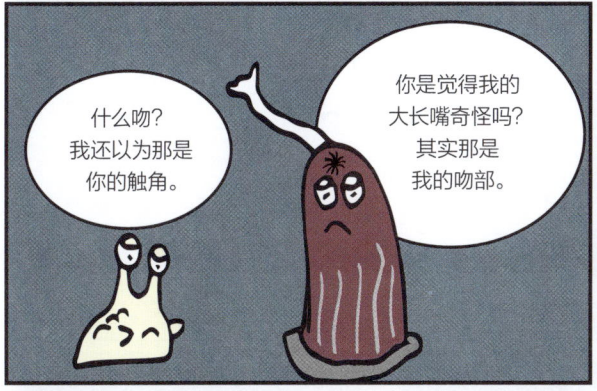
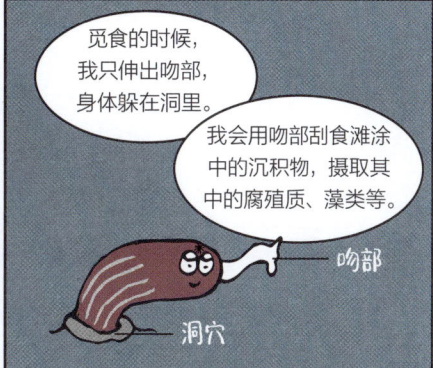

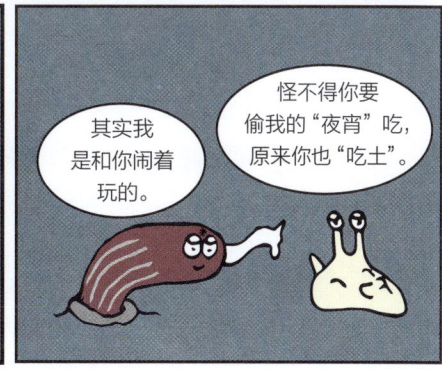

刘博士大讲堂

绛体管口蜙是环节动物的一种，主要生活在潮间带的泥沙、岩石缝以及珊瑚礁或贝壳中。只要你细心并且有耐心，在许多地方的潮间带都可以找到它们。

绛体管口蜙长得像一条没有毛的红色大肉虫，体表遍布皮肤乳突，体中部的皮肤乳突小而分散，两端的皮肤乳突粗大稠密，体壁外分布有灰白色的纵肌束。

比较有意思的是它还长有乳白色的长嘴：吻。

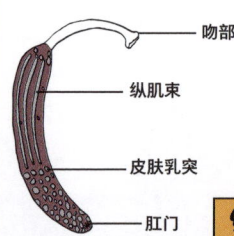

绛体管口蜙
- 吻部
- 纵肌束
- 皮肤乳突
- 肛门

绛体管口蜙的吻部可以自由伸缩。在觅食的时候为了安全，它把自己的身体隐藏于洞穴中，只伸出长长的半透明的吻部。遇到危险时，吻部可以快速收缩，甚至自断逃生。

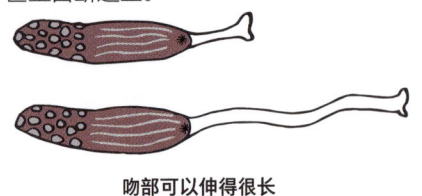

吻部可以伸得很长

绛体管口蜙的吻部

绛体管口螠拉屁屁的时候特别有意思。它来回收缩，舒展身体，然后排出一粒粒长得像保龄球瓶一样的屁屁。

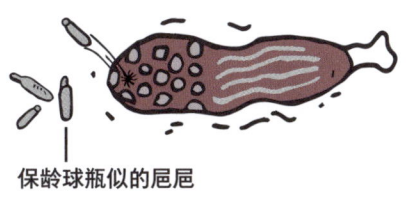

保龄球瓶似的屁屁

正在拉屁屁的绛体管口螠

有趣的是，当它们的身体被弄破的时候，会流出红色的液体，把水染红。这可能和它们的体腔液中含有血红蛋白有关。绛体管口螠的"绛"就是深红色的意思。

螠虫动物有140多种，其中我们比较熟知的就是被称为"海肠子"的单环棘螠。

单环棘螠

单环棘螠算得上不错的食材，北方人吃得比较多，常见的吃法是炒着吃，比如"海肠炒韭菜"。

本回就说到这儿，"蟹蟹"收看！

第 5 回
石小黄和蟹无敌的植树节

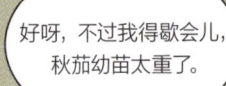

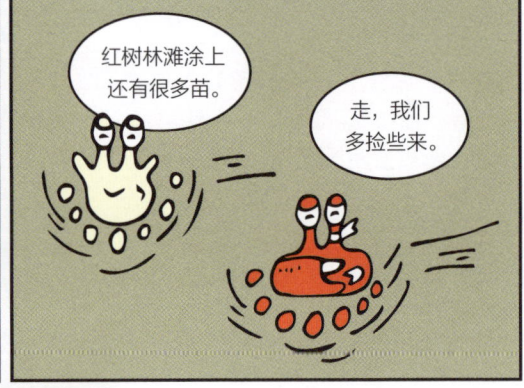

它们继续热火朝天地种树苗……

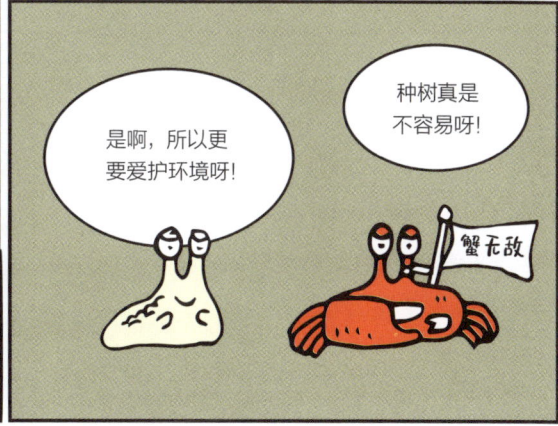

刘博士大讲堂

在陆地上植树,大家可能都不陌生。但是在滩涂上种植红树苗又是怎样的一种体验呢?今天刘博士就和大家聊聊红树苗种植的那些事。

为什么要种植红树苗?

红树林是生长在热带、亚热带海岸潮间带的木本植物群落,为许多动物提供了安全的居住环境和丰富的食物来源。红树林可以抵御台风暴潮的冲击,保堤护岸,是沿海居民的"保护神"。

由于人类的砍伐和破坏,截至2019年,近70年间中国红树林的面积减少了40%。所以种植红树苗,进行生态修复是十分必要的。

红树苗从哪里来?

一部分红树植物采取"胎生"的繁殖方式,比如生态修复常种植的秋茄、木榄等。当它们的种子成熟时,并不急着离开母树,而是在果实里发芽并继续生长,就形成了像棍子一样的胚轴,之后才脱离母树。

所以到了胚轴成熟的季节，我们在红树林滩涂上就可以捡到种植用的红树苗。当然，我们也可以在树上直接摘取。

采苗

先育苗，再种植

为了提高红树幼苗的成活率，我们要先进行育苗。简单来说就是先把红树胚轴种在育苗杯中，等它发芽长大之后，再移植到滩涂上。

育苗杯是可降解的容器，移植时，幼苗和杯子可以一同移栽，避免伤根伤苗。当然，也可以小心去除育苗杯后再种植。

育苗杯

育苗杯

育苗

第 5 回　石小黄和蟹无敌的植树节

等到幼苗生根，长出叶片后，就可以进行移植了。移植时相邻的植株间需保持一定的距离，不能过于密集，让幼苗有足够的生长空间。

种植红树苗

三分种，七分管

要想让红树苗健康地成长，后续的管护很重要，如围网保护、清理海漂垃圾、清除互花米草、定期巡护等。

围网保护

近年来，海漂垃圾问题越来越严重。而红树幼苗的生长区域就在潮水可以淹没的滩涂上，因此它们就面临被海漂垃圾压垮的危险。所以围网保护就显得特别重要。

网的选择也很讲究，网眼大小要适中。网眼太大，起不到阻隔垃圾的作用；网眼太小，会限制周边生物的进出。

围网

为什么要清除互花米草?

互花米草是外来入侵物种,它们的生长和繁殖速度极快,侵占沿海滩涂植物生存空间。如果不定期清除,不但种下的小树苗难以成活,其他生物也可能会遭受危害。

不要脸。 哼!
互花米草

我们能做什么?

红树林生态修复并非易事。刘博士希望大家树立环保意识、爱护环境、积极参与红树林保护活动,比如中国红树林育联盟每年都会开展的"红树苗认养计划",通过在家体验红树苗种植,深入地认识红树林。

互花米草侵占红树林生长空间

本回就说到这儿,"蟹蟹"收看!

第 6 回
爱晒太阳的"舞媚娘"

世界森林日

每年的 3 月 21 日是世界森林日,其目的是引起大家对森林资源的重视,保护我们的"地球之肺"。

今天是世界森林日,大家都在关注森林的健康和可持续发展。

大家知道吗?海边也有森林哦,就是我所生活的红树林。

红树林不但为许多动物提供了安全的居住环境和丰富的食物来源,还可以防风护岸,抵抗台风巨浪的侵袭,保护人类生命安全。是非常重要的生态系统哦!

说得有点困了,找个地方午睡去吧。

石小黄睡得正香的时候，水坑里传来了声音……

第 6 回 爱晒太阳的"舞媚娘"

石小黄往水里看了看，看到许多绿色的"树叶"……

刘博士大讲堂

白边侧足海天牛是一种潮间带底栖软体动物,在退潮后的红树林水洼中可以发现它们的身影。

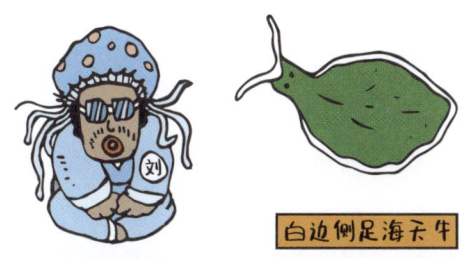

白边侧足海天牛

白边侧足海天牛体形小巧,体长在 5 毫米左右,身体呈绿色,镶有白边,白色的触角后面有两个小小的黑色眼睛,非常呆萌。

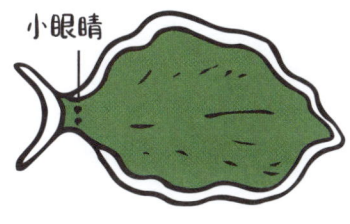

小眼睛

白边侧足海天牛

白边侧足海天牛形态丰富,身体卷起来的时候就像一条绿色的鼻涕虫,完全伸展开来就像一片树叶。

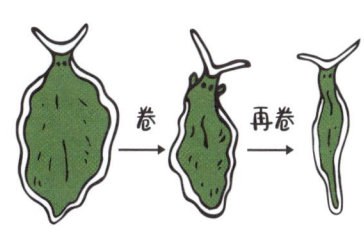

卷 → 再卷

日光浴爱好者

白边侧足海天牛可称得上是"日光浴爱好者"。它们通过摄食藻类,获取其中的叶绿体贮存于自己体内。这样它们只要晒晒太阳,进行光合作用,就能产生营养物质维持生存。

白边侧足海天牛能通过侧足叶波动产生浮力进行游动,就像跳舞一样轻盈优美。因此它们也被称为海洋中的"舞媚娘"。

跳起来!

本回就说到这儿,"蟹蟹"收看!

第 7 回
差点渴死在海里的海蛇

 竹荚鱼不知道危险已经靠近，因为它们乘凉的地方其实并非水草，而是一条海蛇。

 然后石小黄似乎找到了一条发家致富的新道路（其实是为了给"海洋一号"买汽油）……

刘博士大讲堂

说到蛇,大家应该不陌生。大家应该都见过陆上甚至河湖里的蛇,但是见过海蛇的人就比较少了。海蛇是有鳞目眼镜蛇科中一类生活在海洋中的爬行动物。

海蛇家族有两个亚科,其中海蛇亚科多生活在远洋,几乎一生都生活在海里,如本回漫画中的长吻海蛇,它们是直接在水里生下小宝宝的,也就是采取卵胎生的方式。

长吻海蛇

海蛇 黄宇 供图

另外一种扁尾海蛇亚科的海蛇喜欢生活在近海,如常见的黑白相间的扁尾海蛇。这一类海蛇需要在陆上产卵。

扁尾海蛇

海蛇的尾部多为扁平状，方便它们在海里游泳。和陆上的蛇一样，海蛇也是有鳞片的。但由于在海里不用爬行，很多海蛇的腹鳞都退化变小了。

扁平的尾巴

当扁尾海蛇离开海洋爬上陆地后，行动就变得非常迟缓，一有风吹草动就得马上逃回海里。

提心吊胆

所有的海蛇都属于眼镜蛇科，有些海蛇的毒性甚至比陆上的眼镜蛇还要强，但好在海蛇生性温驯，一般情况下不会攻击人类。

我是陆地眼镜蛇。

生活在海里的海蛇要经常浮到海面换气。因为海蛇靠肺呼吸，没有像鱼一样的鳃部结构，无法在水里呼吸。

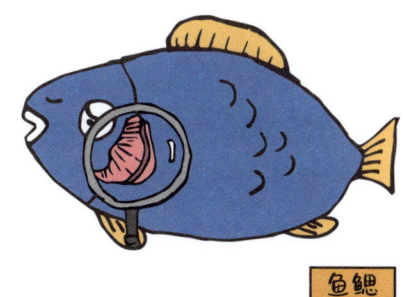

鱼鳃

海蛇是变温动物,浮出海面除了换气外还要晒晒太阳,保持活力。有些鱼如本回漫画中的竹荚鱼会把长吻海蛇当作水草,游到它们附近避暑,这样长吻海蛇在晒太阳之余,就顺便吃到了"点心"。

鱼的鳃部除了能在水里呼吸,还能过滤海水中的盐分,所以鱼们能在海里自由地喝水。海蛇就比较惨了,它们只能靠天喝水,如果海上好几个月不下雨,那么它们有可能被活活渴死。

生活在到处都是水的海里,却还要担心被渴死,这真是一种讽刺,希望海蛇们都能顺利喝到淡水吧!

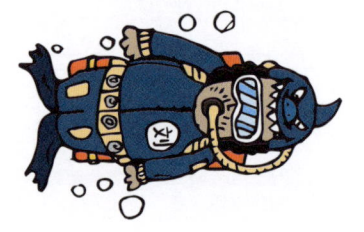

本回就说到这儿,"蟹蟹"收看!

第 8 回
自带"饭勺"的勺嘴鹬

国际爱鸟日

鸟儿是人类亲密的野生动物朋友,可它们的生存状况一直在恶化。《世界保护益鸟公约》规定 4 月 1 日为"国际爱鸟日",希望我们每个人都能帮助、爱护这些可爱的小生灵。

这天,石小黄正在滩涂上专心致志地玩泥巴。

刘博士大讲堂

勺嘴鹬是丘鹬科的小型涉禽，体格娇小，体长约15厘米。

勺嘴鹬(yù)

勺嘴鹬最具特色的就是像饭勺一样的嘴巴（即鸟类的喙），嘴里有许多小突起，可以帮助它们感受外界事物。

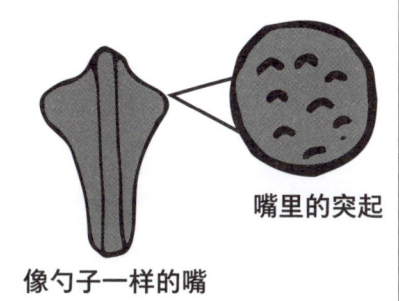

像勺子一样的嘴　　嘴里的突起

勺嘴鹬以鱼、虾、螃蟹等小型甲壳类动物及部分昆虫为食。进食的时候，会微微张开嘴、左右摇摆头部，让泥水从两嘴之间的缝隙中穿过。如果其中有食物的话，凭嘴巴的触觉就能感受到。

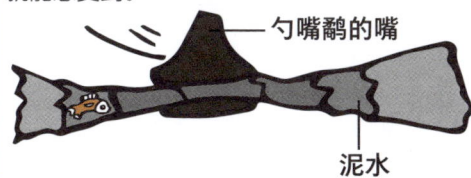

勺嘴鹬的嘴　　泥水

勺嘴鹬　　罗理想 供图

第8回 自带"饭勺"的勺嘴鹬

勺嘴鹬主要在俄罗斯远东的滨海地区繁殖，冬季的时候飞往缅甸、中国南方如海南岛等地过冬。

在勺嘴鹬小宝宝出壳前，爸爸妈妈会轮流坐窝。有意思的是，当勺嘴鹬小宝宝出壳后，勺嘴鹬妈妈会先行离开，照顾小宝宝的重担就落在了勺嘴鹬爸爸的身上。

近 40 年来勺嘴鹬的数量在大幅度下降，全球数量仅有 600—1000 只。2021 年，勺嘴鹬被列入中国《国家重点保护野生动物名录》，成为国家一级保护野生动物。

勺嘴鹬种群数量减少的主要原因是人类在它们的越冬地大量猎捕，以及它们迁徙路线上可供栖息的区域在急剧减少。

为了保护勺嘴鹬，人们尝试了各种各样的措施。2012 年，包括 WWT（野禽与湿地保护基金会）在内的各个组织于俄罗斯远东的繁殖地开始实施一项名为"Head-starting"的保护计划，也被称为"偷蛋计划"。

科学家们在繁殖地收集勺嘴鹬的蛋，然后带到人工环境孵化并饲养，长大后的雏鸟会在当年的迁徙季到来时被放归野外。此外，被偷走蛋的勺嘴鹬通常还会再产下一窝蛋。这样的做法大大提高了孵化率和雏鸟的成活率。

希望我们人类在亡羊补牢的同时，不再偷猎勺嘴鹬等鸟类，保护好滨海湿地，从根本上改善勺嘴鹬的生存现状，不要让它们走向灭绝的不归路。

本回就说到这儿，"蟹蟹"收看！

第 9 回
能省则省的文昌鱼

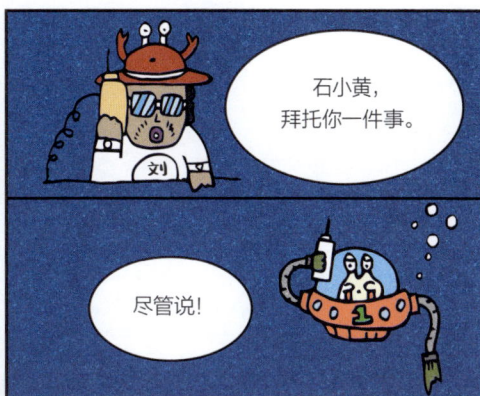
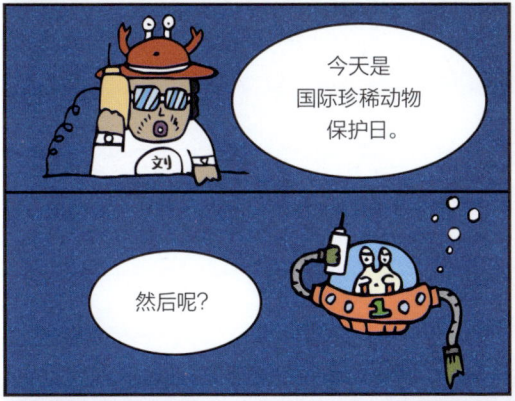

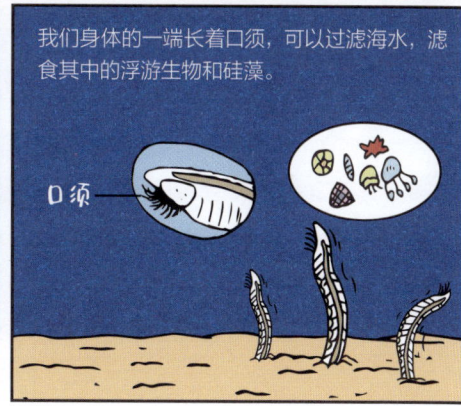

第 9 回 能省则省的文昌鱼

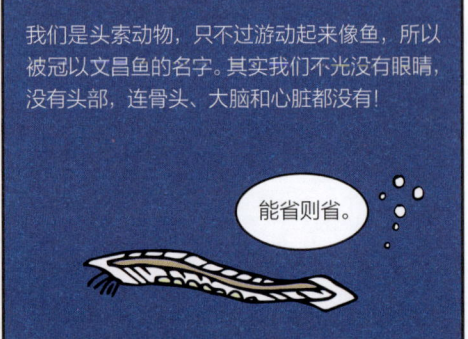

文昌鱼其实并非鱼类,是一种头索动物,只因形状像鱼,而且能游泳,所以被叫作"鱼"。至于什么是头索动物?容我细细道来。

无脊椎动物是背侧没有脊柱的动物,包括原生动物、棘皮动物、软体动物、扁形动物、环节动物、腔肠动物、节肢动物等。像石小黄(石磺)、章鱼、海星都是无脊椎动物。

与无脊椎动物相对的是脊索动物。脊索动物又可以分为头索动物、尾索动物和脊椎动物。

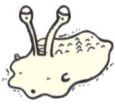

脊索动物在早期发育阶段都是有脊索的。脊索在胚胎期及幼体期具有支撑的作用。

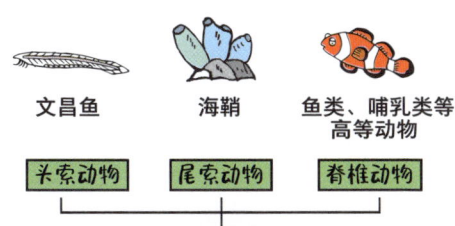
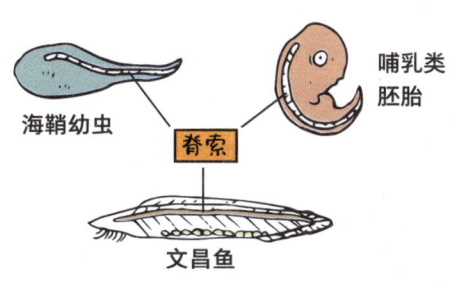

到了后期,不同脊索动物的脊索发育方向就不同了。脊椎动物发育出了脊椎骨;头索动物如文昌鱼一直保留着脊索;尾索动物如海鞘的脊索则完全退化了。

脊索和脊椎的区别:脊椎是在脊索的基础上发育产生的;脊椎是骨质的,脊索不是骨质的;脊椎对身体的支撑能力比脊索更强。

鱼类的脊椎骨

文昌鱼是介于无脊椎动物和脊椎动物之间的过渡型动物,是最原始的脊索动物。文昌鱼一直被视为研究包括人类在内的脊椎动物起源和演化的珍贵"活化石"。

无脊椎动物 → 脊索动物 → 脊椎动物

没头、没脑、没心、没骨

文昌鱼没有大脑,没有传统意义的头部,只分为前端和后端。前端长有口须,用来滤食浮游生物和硅藻。它也没有骨头,全靠背上的脊索支撑身体。

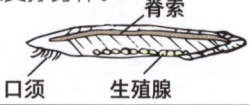

口须　　生殖腺

文昌鱼

更奇异的是,文昌鱼没有心脏,只能靠腹主动脉收缩带动血液从后端向前端流动。而且它的血液是无色的,没有血细胞。

文昌鱼也没有产生嗅觉、视觉、听觉等感觉的器官，可谓能省则省。这种在5亿年前就存在的古老生物，"不思进取"，到现在仍处于原始的低级生物状态，实力解释了什么叫"懒到家了"。

关于文昌鱼名字的由来，说法较多。有一种说法是每年文昌帝君诞辰前后，便有许多文昌鱼出现。人们觉得这是文昌帝君赐予大家的礼物，所以谓之文昌鱼。

进化多累呀。

文昌鱼在世界各地分布较少，只有在中国沿海（如厦门、青岛）分布较广。由于栖息环境遭到破坏，文昌鱼的数量正逐年下降，已经沦为稀有物种。在中国，文昌鱼已经被列为国家二级保护动物。

本回就说到这儿，"蟹蟹"收看！

第 10 回
惨遭捉弄的缢蛏

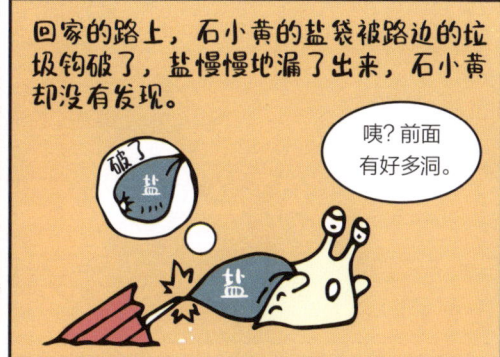
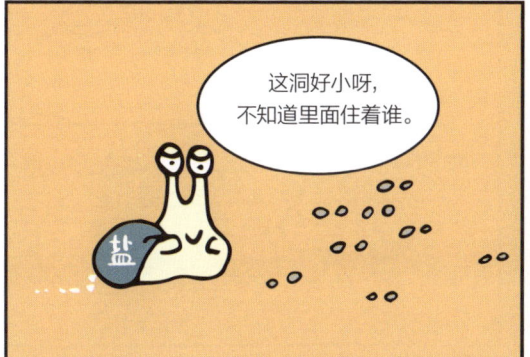

刘博士大讲堂

缢蛏就是我们平常说的蛏子,是一种常见的海贝,也是沿海居民餐桌上的常见美食。

缢蛏属双壳纲软体动物,壳长且薄。之所以叫缢蛏,是因为从壳顶到腹缘有一道浅浅的凹痕,就像被绳子勒过一样。

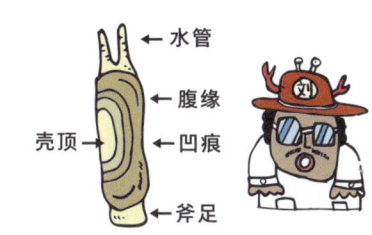

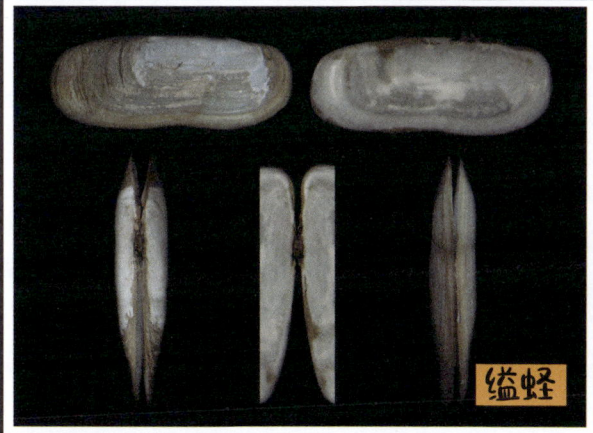

缢蛏喜欢生活在海水盐度较低的泥质滩涂地带,用斧足挖泥将自己埋在滩涂下面,只留两个小孔用于伸缩它的出水管和入水管,以此吸进新鲜海水,排出污水和食物残渣。

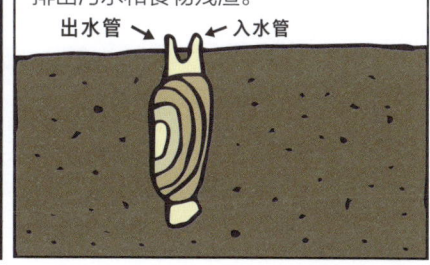

第 10 回 惨遭捉弄的缢蛏

缢蛏的挖洞速度很快,它们在泥中挖洞的深度随季节变化,夏季较浅,冬季较深。

那么如何才能在滩涂上发现缢蛏呢?其实也并不难,如果你在滩涂上发现一些小孔洞,轻轻拍打后还会喷出海水,那么洞里可能就藏着缢蛏。

缢蛏对海水盐度特别敏感,一旦海水盐度过高,它们就会从洞里钻出,寻找其他盐度适宜的地方继续挖洞隐藏。利用它们的这个特点,有些人就发明了在洞口撒盐捉缢蛏的办法,一抓一个准。

有些小伙伴发现,缢蛏的肉里面有类似寄生虫的东西。别担心,其实这是缢蛏消化系统的一个临时结构——晶杆。

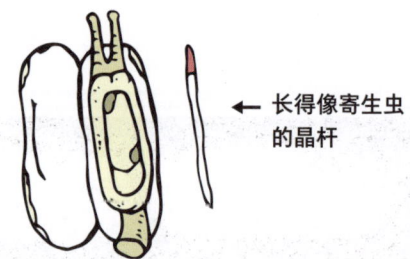

← 长得像寄生虫的晶杆

在缢蛏进食时,晶杆会作为"搅拌机"来带动肠胃蠕动。晶杆上还有许多消化酶,促进食物消化。当缢蛏饥饿时,晶杆还会自动溶解,用于充饥。真的是进可攻、退可守的好结构。

本回就说到这儿,"蟹蟹"收看!

第 11 回
海底飘起红色的"雪"

世界地球日

每年的4月22日是世界地球日,这是一个专为世界环境保护而设立的节日,旨在鼓励公众积极参与环保活动,通过绿色低碳生活,改善地球环境。

夜深了……

保护地球环境,到海里清理海洋垃圾去!

咦?一大群鱼往那边游过去了,看看去。

哇,这么多红色的泡泡,像下雪一样。

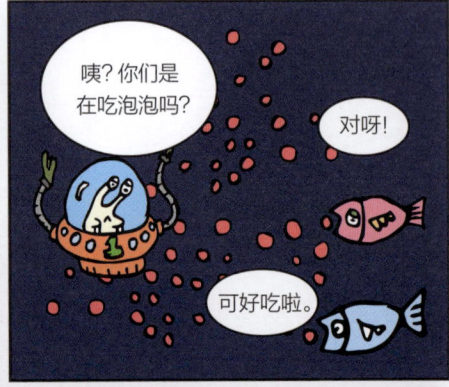
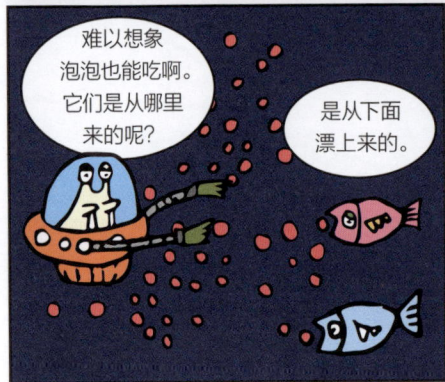

提到珊瑚，可能大家都不陌生，但是大家知道珊瑚、珊瑚虫、珊瑚礁的区别吗？珊瑚是植物、石头，还是动物呢？关于珊瑚的知识，且听刘博士慢慢道来。

我们通常所说的珊瑚，其实是由许多珊瑚虫组成的。每一只珊瑚虫都与周围的珊瑚虫小伙伴相互依偎，连在一起紧紧地附着在海底的岩石上。

有些珊瑚摸起来软软的，因此被叫作软珊瑚，包括柳珊瑚、肉芝珊瑚、鸡冠珊瑚等，以及各种名字中带有"软珊瑚"的珊瑚。大部分的软珊瑚是没有骨骼的。

另一类看起来像石头一样的珊瑚统称为石珊瑚。它们的珊瑚虫包裹着连为一体的骨骼，即使珊瑚虫死亡了，骨骼还会留在原处，并不会消失不见。许多石珊瑚被叫作造礁珊瑚，有巨大的生态价值，它给海洋生物提供了休养生息的空间。没有了它，很多海洋生物就失去了庇护。

软珊瑚

石珊瑚（俯视视角）

造礁珊瑚

黄宇 供图

漫画中的霜鹿角珊瑚就属于石珊瑚。一年月圆 12 次，但霜鹿角珊瑚只会在其中的一个月圆之夜产配子（精卵团），即每年只产一次，每次持续一周。

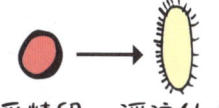

受精卵　浮浪幼虫

霜鹿角珊瑚通过珊瑚口道将配子（精卵团）释放到水中繁殖后代。虽然大部分配子（精卵团）会被小鱼吃掉，但还是有少数会幸运地孵化成浮浪幼虫。

浮浪幼虫会寻找合适的地方附着，然后以分裂或出芽的方式茁壮成长。随着不断繁衍更替，珊瑚虫骨骼逐渐形成体积庞大的珊瑚。再经过长年累月的沉积和固化，最终形成了珊瑚礁。

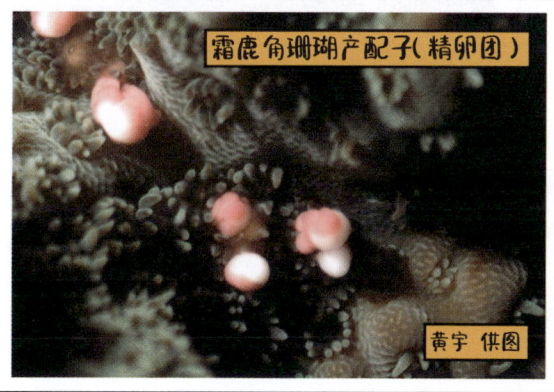

霜鹿角珊瑚产配子（精卵团）

黄宇 供图

那么，珊瑚虫吃什么呢？软珊瑚可以用伸出的触手捕食海中的浮游生物，而石珊瑚主要靠体内的共生藻进行光合作用合成有机物提供营养，浮游生物只是它们偶尔的零食。

珊瑚虫触手

共生藻不但为石珊瑚提供营养，还在很大程度上影响它们的颜色。珊瑚所呈现出的颜色主要由共生藻的颜色决定。

共生藻

生活在珊瑚礁的生物高达四万余种，其中包括近四分之一的海洋鱼类。因此，珊瑚礁是世界上最重要的海洋生态系统之一。

珊瑚虫对环境非常敏感，全球气候变暖会导致珊瑚白化甚至死亡。当温度上升，珊瑚虫体内的共生藻纷纷离开，珊瑚的颜色就会变成珊瑚虫原本的灰白色，这就是珊瑚白化。

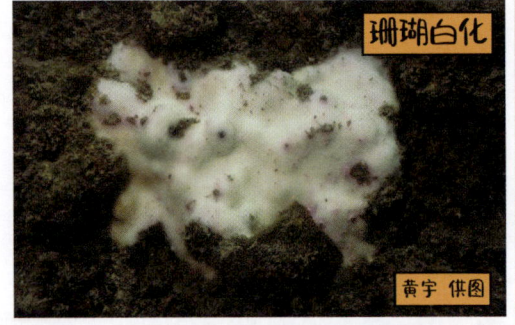

珊瑚白化

黄宇 供图

除了珊瑚白化，珊瑚还面临着人类偷采、近岸捕捞、环境污染等威胁。希望我们重视起来，不要让珊瑚礁再受到破坏。最后刘博士提醒大家到海边游泳时，不要使用对珊瑚有害的含有氧苯酮和桂皮盐酸的防晒霜哦！

本回就说到这儿，"蟹蟹"收看！

第 12 回
白鹭女王的传说

世界读书日

每年4月23日是世界读书日,其设立目的是推动更多的人去阅读和写作,希望所有人都能尊重和感谢为人类文明做出过巨大贡献的文学、文化、科学、思想大师们,并保护知识产权。

今天是世界读书日,好想看书啊,可惜我不认识字。

我来看看这是什么书。

这是一本有关神话传说的故事书呀。

哇!我最喜欢听故事了,石小黄给我讲讲书里面的故事吧。

传说,在很久很久以前……

在海上有一座荒无人烟的小岛,岛上怪石嶙峋,寸草不生。

有一年冬天,一群白鹭飞到这里,在水边落脚休息。

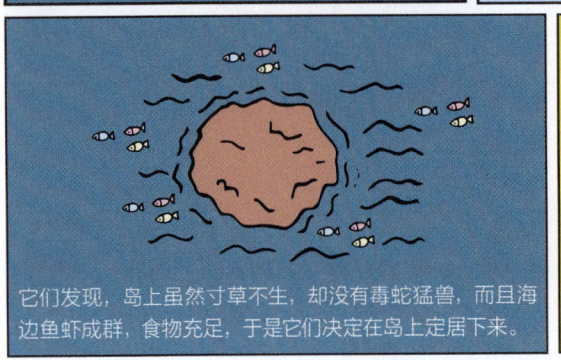

它们发现,岛上虽然寸草不生,却没有毒蛇猛兽,而且海边鱼虾成群,食物充足,于是它们决定在岛上定居下来。

但是时间久了,它们也觉得很无趣,因为岛上实在是太荒芜了。于是领头的白鹭女王决定要改变小岛死气沉沉的现状。

在白鹭女王的带领下,它们兵分两路,一队前往内陆找寻花草树木的种子,另外一队负责在岛上开挖泉眼。

白鹭们日复一日地用它们的长嘴和爪子开挖泉眼。

就在太阳升起了九九八十一次,又落下了九九八十一次之后,白鹭们终于挖出了清澈的泉水。

就这样不知道过了多少年,岛上绿树成荫,长满了各种各样的植物,变得生机勃勃,异常美丽。白鹭们就把这里当成自己的家园定居了下来。

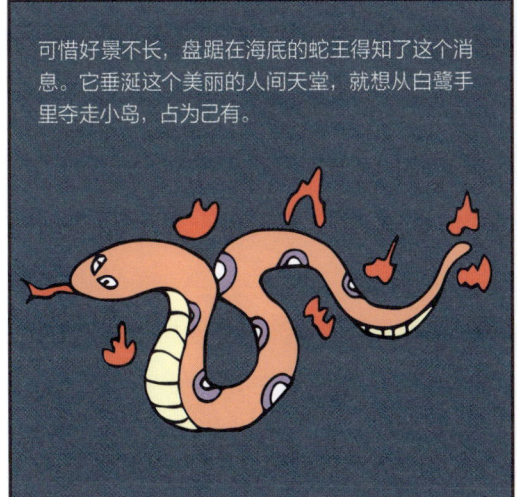

可惜好景不长,盘踞在海底的蛇王得知了这个消息。它垂涎这个美丽的人间天堂,就想从白鹭手里夺走小岛,占为己有。

于是蛇王带领它手下的小蛇们倾巢而出,向小岛发起了进攻。

小的们,上!

一时间岛上飞沙走石,昏天暗地。但是白鹭们并没有退缩,它们在白鹭女王的带领下奋起反击,保卫家园。

白鹭们用它们的长嘴、爪子和蛇妖们战成一团,异常勇猛。

白鹭们逐渐占据了上风,蛇妖们连连败退,死伤大半。

突然,蛇王使出了法宝。它从口中喷出一团黑色的毒雾,想把白鹭们都毒晕,扭转败局。

就在这紧急的时刻,白鹭女王挺身而出,张开翅膀用自己的身体抵挡住了毒雾的攻击。

白鹭女王虽然抵挡住了毒雾的攻击,保住了其他小白鹭,自己却中毒晕了过去,蛇王乘机咬住了白鹭女王。

看着白鹭女王倒在血泊中,蛇王挺直身体,口中"咝咝"作响,扬扬得意地准备向小岛发起总攻。

千钧一发之际,醒来的白鹭女王鼓足最后一口气,奋力一跃,向蛇王啄去,把蛇王的喉咙啄了个窟窿,鲜血直流。

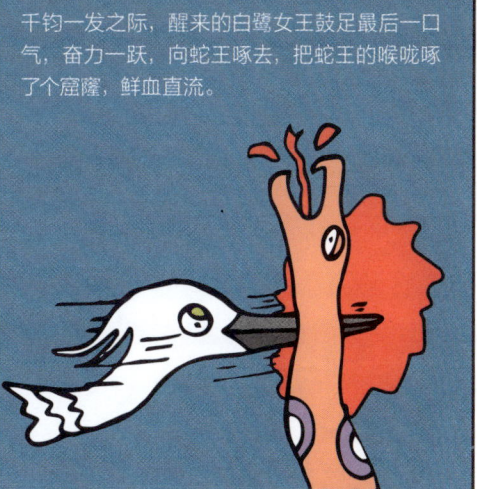

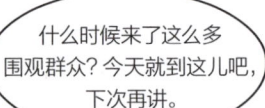

刘博士大讲堂

没错,故事中的"鹭岛",指的就是厦门。白鹭是厦门的市鸟。厦门人爱白鹭,为它们设立了厦门大屿岛白鹭自然保护区,并以白鹭命名了某些地方,比如白鹭洲。以"鹭"字为名的商标品牌更是不胜枚举。

白鹭又叫小白鹭,是一种比较常见的鹭科中形涉禽。白鹭在我国分布广泛,福建、广东、广西、海南沿海等地均有分布。

白鹭

白鹭全身乳白色,嘴呈黑色,双腿也是黑色,但爪子是黄色的,就像穿了一双黄色的靴子。在繁殖期,白鹭背部和颈部会长出较长的丝状饰羽,头后也有两根,犹如两条飘逸的小辫子。

非繁殖期   繁殖期

白鹭(非繁殖期) 罗理想 供图

白鹭(繁殖期) 罗理想 供图

白鹭以小鱼小虾及部分昆虫为主要食物。白鹭体态优雅,在水中站立的时候像一位亭亭玉立的女神。当白鹭在空中飞翔时,它会把长长的脖子向后弯曲缩起来。

除了小白鹭(白鹭),大家可能还听说过大白鹭。难道大白鹭是小白鹭长大后的样子吗?其实不是的。它们虽然很像,但还是有区别的。听刘博士给大伙儿说道说道。

首先从体形上来看,大白鹭确实要比小白鹭大。小白鹭一般体长约 60 厘米,而大白鹭一般体长约 90 厘米。

白鹭　　大白鹭

另外一个不同的地方是,大白鹭并没有像小白鹭那样的"黄色靴子",大白鹭的腿和爪子都是黑色的。在繁殖期,大白鹭的嘴巴会从黄色变为黑色,也会长出繁殖羽,只不过没有两条长长的"辫子"。

不知道大家学会分辨小白鹭和大白鹭了没有?刘博士建议有条件的小伙伴可以走到户外,进行实地观察,效果更佳哦。

本回就说到这儿,"蟹蟹"收看!

第 13 回
碎壳小能手——馒头蟹

刘博士大讲堂

我们俗称的馒头蟹是馒头蟹科馒头蟹属动物的统称,馒头蟹属共包含约 46 个物种,散布于热带和亚热带海域。逍遥馒头蟹是馒头蟹的一种。

逍遥馒头蟹

馒头蟹有着卵圆形的头胸甲,静止不动的时候两只硕大扁平的大螯遮盖住正脸和步足,就像在捂嘴偷笑。馒头蟹整体看起来酷似馒头,也因此而得名。

嘻嘻嘻,没事偷着乐。

逍遥馒头蟹

逍遥馒头蟹的眼窝后面各有一个环状的斑纹。添上几笔,是不是很像浓眉大眼的蜡笔小新?

第 13 回 碎壳小能手——馒头蟹

各种各样的馒头蟹

山羊馒头蟹

馒头蟹

公鸡馒头蟹

卷折馒头蟹

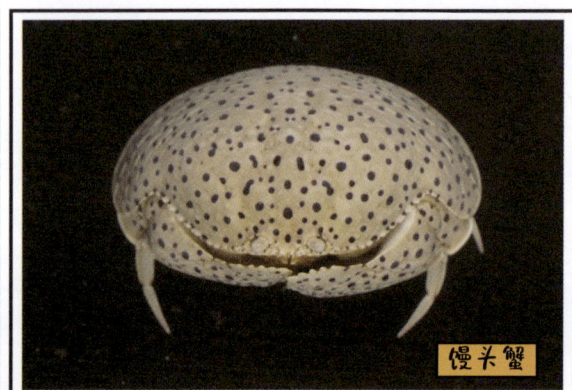
馒头蟹

泡突馒头蟹

馒头蟹生活在海里,一般栖息于沙质或泥沙质底。亚成体的馒头蟹生活在潮间带低潮区至水深 30 米左右,成体馒头蟹则一般生活在水深十几米至 80 米处。馒头蟹不但长得可爱,还有许多特别之处。

特点1:空手碎贝壳

馒头蟹是杂食动物,食谱有死鱼、其他蟹类等。它们还喜欢吃贝类,但贝类一般有坚硬的贝壳保护。好在馒头蟹有一对特殊的大螯,比如逍遥馒头蟹的右螯动指粗钝厚重,强烈下弯,还有一个大凸起,定指宽大凹陷,可以固定住贝壳,便于动指发力。大螯整体的构造就像钳子一样,可以压碎贝壳。

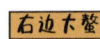 

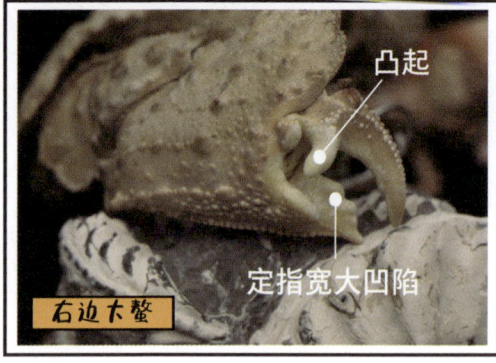
右边大螯
凸起
定指宽大凹陷

而逍遥馒头蟹的左边大螯细长尖锐，就像筷子和叉子一样，可以从贝壳破损处把贝肉扯出，再慢慢吃掉。

 ≈

特点2：身披坚甲，胆小如鼠

逍遥馒头蟹的外壳厚重坚硬，头胸甲较大，因此头重脚轻的它行动并不快。为了躲避危险，它们大部分时间喜欢把自己埋在沙子里。

特点3：自带潜望镜

逍遥馒头蟹眼睛的运动轨迹非常特别。其他蟹类的眼睛通常是左右运动折进眼窝的，比如蟹无敌。

而逍遥馒头蟹的眼睛是上下伸缩的，就像潜水艇的潜望镜，这样躲在沙子里的逍遥馒头蟹就可以伸出眼睛来观察周围的环境。

特点4：一言不合吐水玩？

躲在沙子里的逍遥馒头蟹嘴巴时不时地吐出水柱，这是因为它太无聊了在吐水玩吗？不，其实这是它在呼吸。

特点 5："宠妻狂魔"还是"渣男"？

有时候我们会看到雄性馒头蟹抱着雌蟹跑来跑去的场景，有人说馒头蟹是"宠妻狂魔"。其实这类看似充满"亲情""爱情"的行为并没什么情感可言。大部分蟹类都有抱着雌性跑的行为，只不过馒头蟹抱的时间相对来说久一些，有时甚至抱了三天还不舍得松手。

也有人表示雄蟹抱着雌蟹看似进行保护的行为是为了等待雌蟹完成蜕壳、柔弱不能反抗时与之交配，其实是一种"渣男"的表现。至于真相是什么，还没有定论，也许要靠看漫画的你们去探索发现了。

萌还不够吗？还要好吃，哼！

最后回到大家可能比较关心的问题：馒头蟹好吃吗？其实馒头蟹的身体大部分都是空隙和厚壳，并没有多少肉。而且它们每天挖掘泥沙，鳃腔有很多沙子。主要的食用部位是它们的两对大螯，据说肉质也并不是很鲜美。

本回就说到这儿，"蟹蟹"收看！

第 14 回
小鳗鱼找妈妈

时间一天天地过去了，在母亲节这天，鳗鱼宝宝终于孵化出来了。

鳗鱼宝宝以为找到了妈妈,但没想到过了一段时间,它们的外观发生了很大的变化……

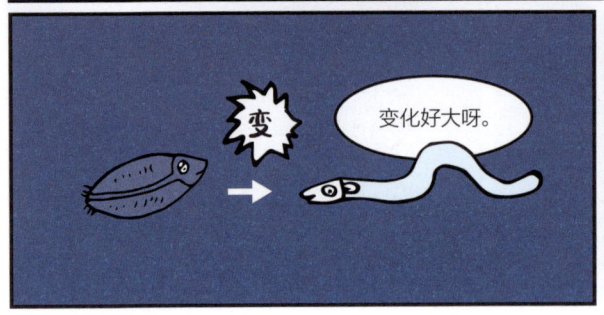
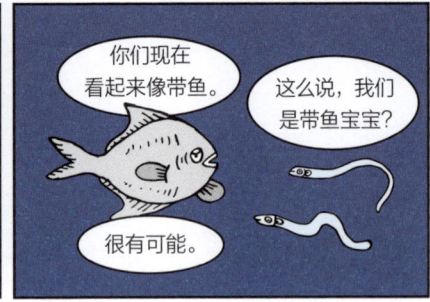

 鳗鱼宝宝往北找啊找，不知不觉从海洋找到了淡水河，它们的外观又发生了变化……

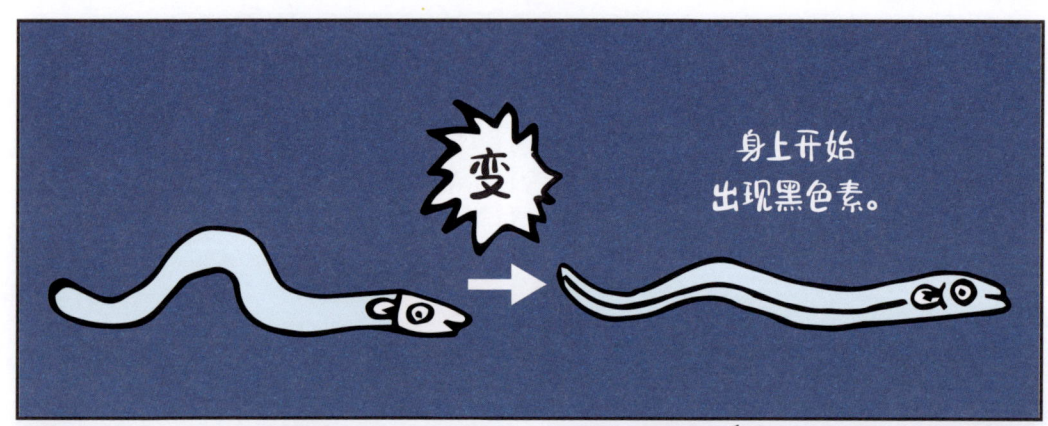
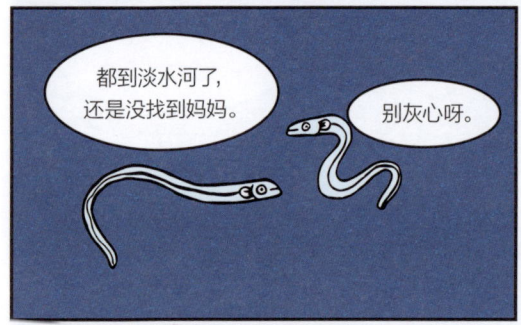

于是，它们被养在了养殖场。虽然最终没找到妈妈，但是它们终于知道了自己是鳗鱼。

再后来，它们在养殖场见到了妈妈……

刘博士大讲堂

鳗鱼是鳗鲡目鱼类的统称,外观类似长蛇。鳗鱼又分为河鳗和海鳗,本回漫画中的鳗鱼就是河鳗。

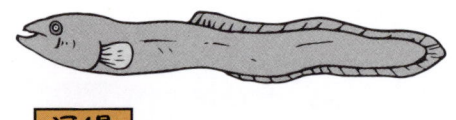

想必大家一定听过鳗鱼饭的美味(鳗鱼饭多以河鳗为主要制作原料)。在日本,人们酷爱日本鳗鲡(全球消费量最大的一种河鳗)。

由于市场的大量需求导致人类对鳗鱼过量的捕捞,日本鳗鲡的种群规模不断缩小。在2014年,世界自然保护联盟(IUCN)就已将日本鳗鲡列为濒危(EN)物种。也许有人要问,既然市场需求这么大,为什么我们不人工养殖鳗鱼呢?

这就要从日本鳗鲡特别的一生说起。

日本鳗鲡大多数时间都栖息在河川、湖泊等淡水环境中,所以人们在很长一段时间里一直以为它是淡水鱼。后来人们才发现,日本鳗鲡的一生要经过数个阶段,往返于海洋与淡水河之间。

阶段一：成熟的日本鳗鲡要从淡水环境洄游到数千公里之外的西太平洋马里亚纳群岛海山附近交配产卵，而后就死在当地。

卵

阶段二：一段时间后，鱼卵孵化成日本鳗鲡的第二形态——柳叶鳗。柳叶鳗身体扁平透明，薄如柳叶，在大洋随着洋流长距离漂流。

柳叶鳗

阶段三：在接近沿岸水域时，它们的身体转变成流线型，依旧透明如玻璃一般，被称为玻璃鳗。

玻璃鳗

阶段四：从这个阶段起，它们进入淡水河口水域，身上开始出现黑色素，被称为线鳗。而人类捕捉它们作为人工养殖的鱼苗也正是在这个时期。

线鳗

阶段五：这个阶段的日本鳗鲡在河流间不断发育长大，体色呈黄色，被称为黄鳗。这个阶段的它们和我们认识的鳗鱼就比较接近了。

黄鳗

阶段六：在最后这个阶段，日本鳗鲡发育成熟，身体变为银白色，被称为银鳗。它们已经做好准备从淡水水域洄游至深海产卵了。

银鳗

日本鳗鲡
张继灵 供图

为什么人类要捕捉野生的线鳗进行人工养殖呢？事实上，日本鳗鲡产下的卵已经可以实现人工孵化，但是孵化之后的人工育苗成活率特别低，只有1%~4%（2010年数据），根本达不到商业化的要求。

虽然现在大部分的日本鳗鲡都是人工养殖的，但实际上还是依赖于捕捉野生的线鳗，所以本质上是"有养无殖"的。

野生的线鳗被不断捕捞进行人工养殖，这些线鳗长大成熟后直接被端上餐桌，就无法洄游到大海产卵了。

呜呜呜……

除了日本鳗鲡，其他食用种如欧洲鳗鲡等也正面临着同样的困境。为此许多国家正在做出努力，如立法限区域、限时间、限量捕捞等。希望将来鳗鲡一族能愉快地在地球上繁衍生息。

本回就说到这儿，"蟹蟹"收看！

第 15 回
龙头鱼的传说

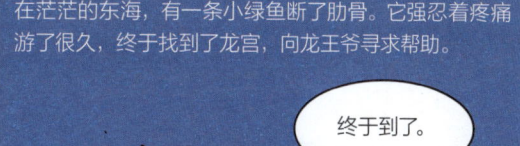

于是龙王把自己珍贵的龙头拐杖插入水定的身体中，变成一根柔软的骨头，用于支撑身体。

有了软骨，水定行动无碍，却再也没有从前那么强壮了。为了让水定不被其他水族欺负，龙王认水定为干儿子，并赐它一副龙头的模样，从此水定变成了尊贵的龙头鱼。

为了不辜负龙王的威名，从此龙头鱼专心习文，每天读书写字，从未荒废。

又过了很多年，有一天，龙王爷颁布科考诏令，要在水族中挑选文武状元。

看到诏令，龙头鱼非常高兴，心想多年的努力总算有用武之地了。它约上十分要好的邻居皮皮虾一起参加科考。

第15回 龙头鱼的传说

皮皮虾参加的是武试，它自带双刀，在武试上大杀四方，威风凛凛。

龙头鱼参加的是文试，由于它多年刻苦学习，写起文章妙笔生花，得心应手。

放榜的时间终于到了，龙头鱼和皮皮虾分别考上了文武状元，龙王爷令它们立刻前来受封，领取状元头冠。

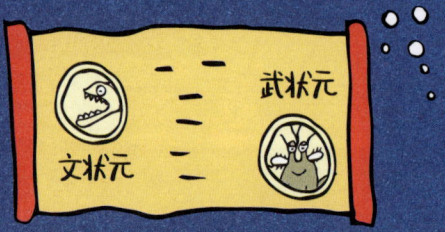

没想到龙头鱼生病了，它只好委托好友皮皮虾帮忙领取文状元的头冠。

皮皮虾一手拿着武冠，一手拿着文冠，爱不释手。没想到皮皮虾看着看着，居然萌生了将文冠占为己有的歹心。

于是皮皮虾将武冠戴在了头上,文冠戴在尾巴上。没想到文武双冠瞬间和皮皮虾融为一体,再也摘不下来了。

皮皮虾自知无颜面对昔日的好友,悄悄地搬家离开,从此浪迹天涯。

得知头冠被好友偷走,龙头鱼气得龇牙咧嘴,发誓要找到皮皮虾报仇雪恨。

从此以后,只要龙头鱼遇到皮皮虾,就张开大嘴冲上去,一口将它吃掉。而理亏的皮皮虾只能缩成一团,完全失去了抵抗的能力。

第15回 龙头鱼的传说

刘博士大讲堂

当然,龙头鱼并非龙族,而是龙头鱼科龙头鱼属的一种鱼类。因为长着一张凶恶且酷似龙头的脸而得名。

在众多鱼类中,龙头鱼可算是异类。它全身只有一根柔骨,鱼刺也如发丝一般纤细。

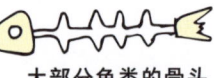
大部分鱼类的骨头
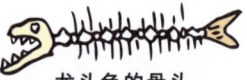
龙头鱼的骨头

龙头鱼的身体十分柔嫩,鱼肉含水量很高,吃起来就像豆腐一样。龙头鱼全身光滑,几乎无鳞,只有侧线上有一行较大的鳞片,直抵尾叉。

龙头鱼肉 ≈ 豆腐

龙头鱼有许多俗称。广州人叫它"狗吐鱼",因为几乎无骨,被爱吃骨头的狗所嫌弃,吃了都要吐出来。还有人叫它"水定""鼻涕鱼""豆腐鱼"。

没有骨头怎么吃啊。

虽然龙头鱼全身柔软,却长着一个凶恶的脑袋。它的嘴可以张成夸张的角度,密布着锋利的牙齿,看上去可不好惹。

哇呀呀。

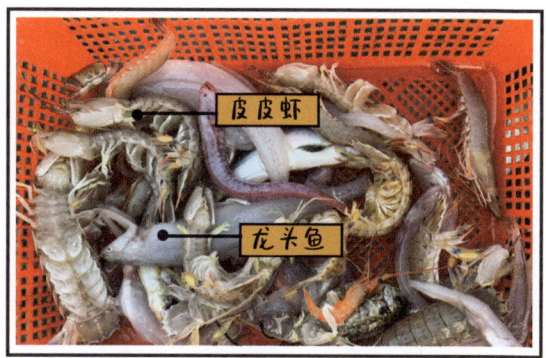

皮皮虾

龙头鱼

实际上龙头鱼确实不是吃素的。它是杂食动物,以肉食为主。小鱼、小虾、底栖动物都是它的食物,甚至全身"铠甲"的皮皮虾以及它自己的同类都逃不过它的大嘴。

牙好,胃口就好。

更可怕的是,龙头鱼还有着发达的胃和肝脏,消化能力特别强,吃进去的食物很快就被吸收干净了。身体柔软、长相凶恶的龙头鱼确实不辜负"龙"的威名,简直就是"海中小恶霸"。

本回就说到这儿,"蟹蟹"收看!

第 16 回
闲得发慌的水獭

刘博士大讲堂

水獭为鼬科、水獭属动物，可以在陆地和水中活动，是水陆两栖的兽类，也是水生生态系统中的顶级捕食者。中国分布有三种水獭：欧亚水獭、小爪水獭、江獭。

水獭

欧亚水獭

韩雪松 供图

江獭

长相呆萌

水獭有着细长的身体，吻部较短，眼睛圆溜溜的，耳朵小小的。水獭的四肢短小，但趾（指）间有像鸭子一样的蹼状结构，使它能更好地在水里活动。它们的趾（指）甲很短，像狗的指甲。

凶猛的野兽

水獭是纯粹的食肉动物,鱼类是它们的主食,水鸟、青蛙以及虾、蟹等甲壳类动物也在它的食谱上。水獭生性凶猛,具有一定的攻击性,甚至会和鳄鱼打架。所以刘博士提醒大家,千万不要因为水獭长相可爱而去挑逗它。

水獭的爪子小,脚底板的指肚和掌垫厚而软,可以很好地按住鱼,但是不适合用来捕鱼。它们捕鱼主要靠嘴巴咬。另外水獭还有它们的"餐桌",它们会把捕到的鱼放在凸出水面的石头上用餐。

开饭啦。

抓鱼是水獭的爱好,它们有时候抓鱼并非因为肚子饿了,而是因为想玩。水獭会把抓到的鱼叼上岸,一条条摆在地上,像摆祭品一样,然后转身再去抓鱼,乐此不疲。这种不必要的捕食行为可能就是古人所谓的"獭祭"吧!

天生的游泳健将

水獭善于游泳和潜水,这和它的身体构造息息相关。水獭的鼻孔和耳道生有小圆瓣,潜水时能关闭,防止进水。水獭柔软的身体和粗长的尾巴能减少它们在水中运动的阻力。

水性娴熟

水獭游泳的姿态很像鳗鱼,游速快而灵活,每分钟可以游五十多米。水獭在水中可以自由地升降、转向、翻滚,还喜欢像画圆圈一样游动,卷起水底的泥沙或水中的小鱼,紧急时还会像海豚一样在水面上跳跃。它们在水下潜游的时长可达4—5分钟,潜行距离相当远。

水獭主要生活于有水的区域,如河流、湖泊、沼泽地、池塘,鱼类资源较多的山区也常有它们的身影。

我的世界不能没有水。

海里也能见到水獭

除了陆地淡水区域，水獭也会在沿海地区活动。比如本回漫画中出现的欧亚水獭，它们常在沿海咸淡水交界处捕食。

水獭、海獭傻傻分不清楚

水獭的亲戚海獭是常年生活在海里的。海獭和水獭有着类似的习性和长相，但是仅靠是否生活在海里来区分它们显然是片面的，因为前面说过，水獭也会出现在海里。那么到底该如何区分它们呢？

外形区别

体型：水獭的身体细长苗条，而海獭的身体较大，体毛蓬松，显得有点臃肿。

尾巴：水獭尾巴较长，而海獭尾巴较短。

长相：水獭的鼻子呈倒梯形，而海獭的鼻子呈三角形。

体色：水獭体色较深，如欧亚水獭体色呈褐色，而海獭体色较浅。

欧亚水獭　　海獭

饮食偏好区别

水獭的主食是鱼类，兼食水鸟及甲壳类。而海獭多是吃贝类、海胆、螃蟹等，也会捕食鱼类。值得一提的是，海獭还善于利用工具，它们会用石头砸开贝壳、海胆进而食用里面的肉。

欧亚水獭　　海獭

水中姿态区别

在水中,水獭常常用踩水的方式站立起来,露出上半身,像是在四处观望;而海獭在水中常常采取平躺仰泳的姿势,睡觉的时候也是如此。两只海獭还会手牵着手平躺着,防止在睡梦中被海浪冲走。

四处观望

手牵手,冲不走

水獭的现状

水獭是国家二级重点保护动物。20世纪50年代以来,水獭数量急剧下降,部分地区种群濒临灭绝,主要原因是栖息地环境被破坏,以及人类的捕杀(为了它们的皮毛)。刘博士呼吁大家,关注水獭,保护水獭,保护自然环境!

本回就说到这儿,"蟹蟹"收看!

第 17 回 快跑呀，小海龟！

就在小海龟准备和同伴们一起爬回海里时,危险来临,原来它们被捕食者盯上了……

第 17 回 快跑呀，小海龟！

刘博士大讲堂

海龟是海龟科、海龟属动物,生活于热带、亚热带近海上层水域,是海洋中比较常见的动物。

海龟的一生大部分时间都生活在海里。它们靠肺呼吸,每隔一段时间便要将头伸出海面来呼吸。

透个气。

和陆地的乌龟不同,海龟的四肢为鳍状,长得像船桨一样。它们的前肢比后肢长,这样便于在海里游泳。

乌龟　　海龟

在遇到危险时,乌龟的头、四肢和尾巴可以自由缩进背甲里保护自己,但是海龟却不会使用"龟缩"大法。

第17回　快跑呀,小海龟!

如果运气好的话，海龟的寿命可以很长，最长可以活到 150 年左右，可谓海中的老寿星。

但现实往往很残酷，从一出生海龟就面临着诸多的考验，最后能实现长寿的都是幸运儿。

当产卵的季节来临时，海龟妈妈会爬到近海的沙滩产卵。它们把卵产在沙坑里，用沙子埋好，填实，然后就回到海里，剩下的就看小宝宝自己的造化了。

海龟蛋

谷峰 供图

秃鹫、老鹰、野狗等掠食者会把大部分的海龟蛋一扫而空，幸存的海龟蛋会在大约一个半月后孵化出来。

逃过第一劫。

小海龟
谷峰 供图

刚出生的小海龟不管怎样都会离开巢穴，穿过沙滩，回归大海。这是因为海龟的视觉系统对光信号起正趋光性反应，使它们向着正电荷密集的海洋爬去。

大海才是我的家。

刚出生的海龟几乎没什么自保的能力。在回归海洋的途中，不少掠食者正在等着小海龟，比如军舰鸟、海鸥甚至是小小的螃蟹。

救命啊！

最终能爬回海洋的小海龟才算是活了下来。小海龟的存活率很低，平均一百只当中仅有一两只能存活下来。

又逃过一劫。

接下来小海龟要接受大海的考验：一些天敌如章鱼、鲨鱼对它的威胁，还有藤壶的侵扰，甚至是人类塑料垃圾的危害。

藤壶

塑料垃圾

我们所见到的每只海龟都是历经重重考验才生存下来的，所以我们不应该再去伤害它们，而要保护它们。海龟是国家一级保护动物，捕猎贩卖它们都是犯法的哦！

 本回就说到这儿，"蟹蟹"收看！

第 18 回
"叶绿素神偷"——叶羊

世界环境日

每年的 6 月 5 日是世界环境日,这一节日的意义在于提醒人们注意地球状况和人类活动对环境的危害,鼓励大家行动起来保护我们的生态环境。

糟糕,"海洋一号"快没油了。

你是?

咦?这不是石小黄吗?

初次见面,我是叶羊。

我是侧鳃螺属的一种,因为长得像叶子又像羊,所以叫叶羊。

黑岛侧鳃螺

刘博士大讲堂

黑岛侧鳃螺是海蛞蝓的一种,因长得像小绵羊而得名,俗称叶羊。

黑岛侧鳃螺

绵羊

叶羊其实是一种贝类,和石小黄一样都是贝壳退化的软体动物。叶羊的身体软趴趴的,体形迷你,只能长到5毫米左右的长度。

叶羊　黄宇 供图

我们知道,光合作用是植物通过叶绿素把二氧化碳和水合成有机物,同时释放氧气的过程。光合作用是植物特有的生存技能,而叶羊是少有的可以进行光合作用的动物。

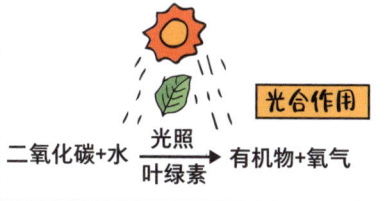
二氧化碳+水 $\xrightarrow[\text{叶绿素}]{\text{光照}}$ 有机物+氧气　光合作用

原来，叶羊在进食海藻的时候可以吸收海藻的叶绿素，并转化到体内，为己所用。

"偷"来的叶绿素

这样叶羊平常只要晒晒太阳，就能存活下来了。但叶羊没办法做到一劳永逸，它们隔一段时间就得啃食海藻补充叶绿素。

除了叶羊，绿叶海天牛也能进行光合作用，而且手段更高明。如果说叶羊是"叶绿素神偷"，那么绿叶海天牛就是"基因神偷"。

绿叶海天牛

绿叶海天牛　邓凌姿 供图

绿叶海天牛主要吸食滨海无隔藻，然后将这种海藻的基因植入自己消化系统的细胞中，这样，绿叶海天牛就有了自主制造叶绿素的能力。

吸星大法！

比起叶羊隔三岔五地要去补充叶绿素，绿叶海天牛可以自给自足达9个月之久。刘博士表示很羡慕，如果刘博士也可以进行光合作用，就不需要浪费时间吃饭了，哈哈哈！

本回就说到这儿，"蟹蟹"收看！

第 19 回
随缘旅行的海蜗牛

世界海洋日

海洋覆盖了地球表面超 70% 的面积，与人类的生活息息相关。联合国将每年的 6 月 8 日定为世界海洋日，呼吁大家保护海洋环境，也希望大家认识到海洋对人类的重要意义。

虽然可以不费力地漂浮旅行,但是我们没办法控制方向,所以去哪儿只能随缘。如果运气不好,被冲到沙滩上,就只能任人宰割了。

刘博士大讲堂

海蜗牛俗称"紫螺",是生活在世界温暖海域的浮游性贝类的统称。

海蜗牛

大多数海蜗牛的软体动物亲戚都是"井底之蛙",它们的成体有的带着贝壳穴居在洞里,有的附着在石头上再也不挪窝,还有的仅在一个小区域内移动。

石鳖　鲍鱼

海蜗牛的"井底之蛙"亲戚们

但海蜗牛不同,它们可以顺着洋流漂在海面上到处"旅行"。为了顺利达成"旅行"计划,海蜗牛掌握了几项生存技能。

世界那么大,我想去看看。

技能一:泡泡浮囊

为了适应终生的海面漂浮生活,海蜗牛有一件一劳永逸的装备——由数百个小气囊组成的泡泡浮囊。关于泡泡浮囊的制作方法,漫画中已有提及,就不再赘述了。

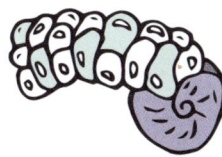

第 19 回　随缘旅行的海蜗牛

海蜗牛和它的泡泡浮囊

到了繁殖季节,雌性海蜗牛会生产大量的紫色卵囊,同时分泌黏液将这些卵囊依次黏到浮囊下方,形成规模可观的卵囊群,跟着母体一起漂浮。

卵囊

被包围了。

海蜗牛靠着泡泡浮囊随波逐流,没有目的地。如果海蜗牛大量集结,就会在海面形成一大片白色的泡泡区域,场面十分壮观。

海蜗牛的卵囊群

技能二:变形

首先,为了适应海面漂浮生活,海蜗牛的壳非常薄,这样重量比较轻,也就容易漂浮了。

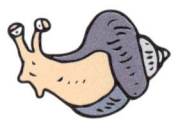

身轻如燕

其次，海蜗牛的壳呈蓝紫色。在蓝色的海洋里，偏蓝的壳体颜色能够很好地融入环境，从而隐藏自己。海蜗牛靠近螺口一侧的贝壳的腹面颜色更深，而壳背面的颜色偏浅，这样无论是从天上往下俯视，还是从海里往上仰视，海蜗牛都能与环境完美地融为一体，从而起到"隐身"的作用。

最后，海蜗牛没有口盖（厣）。它们为了漂浮，必须始终固定住浮囊，这就导致它们的头部和腹足的一部分必须露在贝壳外。因此，在进化的过程中，海蜗牛就彻底把口盖丢掉了。

技能三：守株待兔式捕食

海蜗牛没有游泳能力，只能靠浮囊随波逐流，因此它们只能"守株待兔"，碰到什么就吃什么。海蜗牛的主要食物是银币水母、帆水母和僧帽水母，因为这些水母和海蜗牛一样，都是始终漂浮在海面随波逐流的生物，数量巨大，被海蜗牛遇到并捕食的概率最高。

僧帽水母　　帆水母

除了水母，海蜗牛偶尔还吃昆虫、小鱼、附着漂浮的茗荷，甚至是海蜗牛同类。捕食的时候，海蜗牛用位于吻部前端的两大片密密麻麻的齿舌从猎物上刮取组织，大快朵颐。

吃小鱼　　齿舌

海蜗牛吃小鱼

小鱼

除此之外,海蜗牛还有一件秘密武器。它们在捕食的过程中,必要时会分泌具有麻痹作用的紫色染液,使猎物乖乖地束手就擒。

看我的麻痹攻击。

完蛋,动不了。

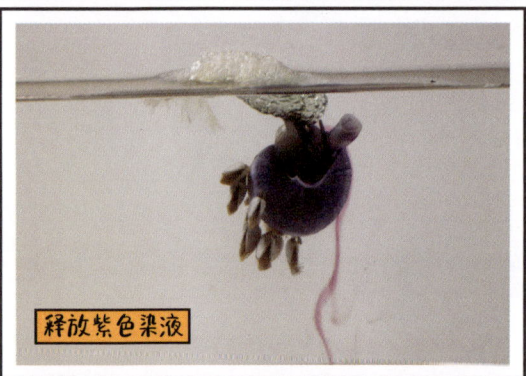

释放紫色染液

拥有这么多技能的海蜗牛就无敌了吗?并不是。因为海蜗牛不能自主控制去向,有时候只要一个大浪就能把它们拍打到海滩上,成为潮间带沙蟹们的食物。

人生的起起伏伏真是太刺激了。

被拍到海滩上的海蜗牛

本回就说到这儿,"蟹蟹"收看!

第 20 回
海马爸爸生宝宝

 然后,石小黄发现了一只挺着大肚子的海马……

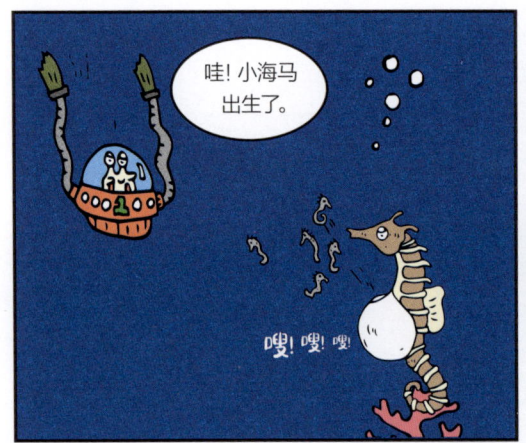

刘博士大讲堂

海马因外形酷似骏马而得名。海马有弯曲的颈部，长长的口鼻，胸腹部凸出，全身没有鳞片，体表由骨板构成，仿佛穿着铠甲。下半身细长卷曲，像蛇的尾巴。

 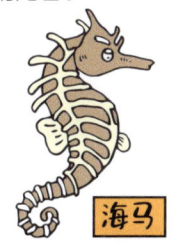

海马

长相怪异的海马到底是什么生物？刘博士明确地告诉大家，海马是一类鱼的统称。它们也用鳃呼吸，也有鱼鳔。全球已发现的海马约有46种。

其实我也是鱼。

你去哪里整容了？

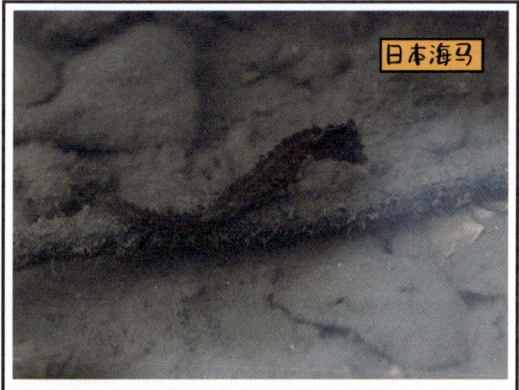

日本海马

虽然海马长得像骏马，但它在水里游得比较慢，慢悠悠的，让人看了着急。

刘司机，快带带我。

大多数海马的前进是靠随波逐流来实现的，要想通过自己的游动去远方几乎是不可能的事。所以，保持静止是海马的常态。它们用尾巴把自己挂在珊瑚或海藻上，防止被洋流冲走。

一辈子都走不出这一亩三分地。

虽然海马行动缓慢，却不影响它捕捉猎物。海马能用针管一样长长的嘴巴有效地捕捉到桡足类生物（如行动迅速的水蚤）。

虽然游得慢，但是我嘴快。

海马是地球上极少数由雄性生育后代的动物。雄性海马有个特殊的育儿袋（就像袋鼠的一样），雌性海马把海马卵产到雄性海马的育儿袋后，剩下的工作就全部交给海马爸爸了。

首先，海马爸爸负责给这些卵子受精。然后，等待受精卵发育成幼体。最后，幼鱼就会从海马爸爸的育儿袋中出生。

生小海马是很费体力的事，雄性海马摇摆着身体喷射出幼鱼，每摇摆一次，接下来都要休息几分钟，如此反复。有些海马需要历时一天才能完成生产工作。

海马宝宝的存活率不高，有些海马宝宝一出生就被捕食者吃掉了，有些则死于疾病等自然因素。

本回就说到这儿，"蟹蟹"收看！

第 21 回
大黄鱼的无奈

 就这样，它们在龙舟上开起了"演唱会"……

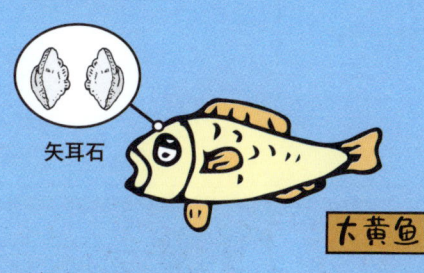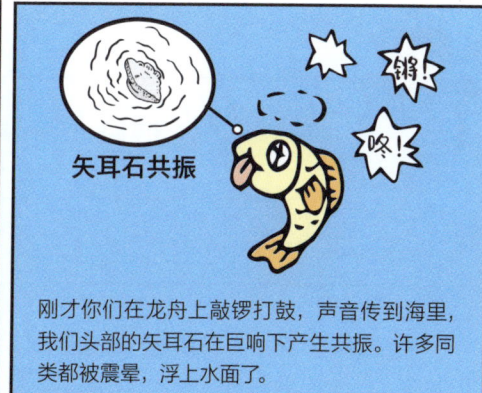

刘博士大讲堂

大黄鱼又叫黄花鱼,石首鱼科黄鱼属鱼类。常见的石首鱼科鱼类还有小黄鱼、黄姑鱼、白姑鱼等。

大黄鱼在求偶的时候会用它的鱼鳔发出"咯咯咯"的声音,吸引异性的注意。一旦大量鱼群聚集,那动静就像一锅正在沸腾的开水。

大黄鱼是洄游性鱼类,冬天在远海越冬,春天到近海产卵。因为近海有淡水注入,浮游生物丰富,可以给幼鱼补充食物。

石首鱼家族有一个显著的特点：头部有两块用于平衡身体的矢耳石。大黄鱼的矢耳石呈盾形，约指甲盖大小。沿海的小孩常把矢耳石当作骰子丢着玩。

 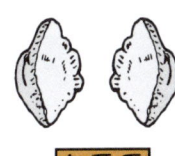

矢耳石

大黄鱼的矢耳石对声音非常敏感，在外界巨大声音的干扰下，矢耳石会产生共振，使大黄鱼头部发生强烈的脑震荡，感觉就像孙悟空正在被唐僧念紧箍咒。

利用矢耳石的这种特点，20世纪50年代，沿海地区盛行一种"敲罟"捕鱼法：大批船队围住鱼群，一同敲击船上的木板，使大黄鱼头内的矢耳石在巨响下产生共振，无论大鱼小鱼都一起昏死。这种灭绝性的捕捞方法对大黄鱼种群的伤害是致命的。

敲罟法

大黄鱼全身金黄，卖相好，肉质鲜美无刺，曾是中国海洋重要的经济鱼种。可如今，野生大黄鱼已经非常稀少，市面上的大黄鱼基本都是人工养殖的。历史再次告诉我们，一网打尽不可取，可持续发展才是正道。

本回就说到这儿，"蟹蟹"收看！

第 22 回
萤火虫，好久不见

保护红树林生态系统国际日

2015 年，联合国教科文组织确立每年 7 月 26 日为"保护红树林生态系统国际日"，旨在强调红树林对地球的重要性，并呼吁人们关注红树林数量急剧减少的问题。

生活在红树林真是太惬意了，今晚的星星好亮呀！

怎么感觉星星在动呢？

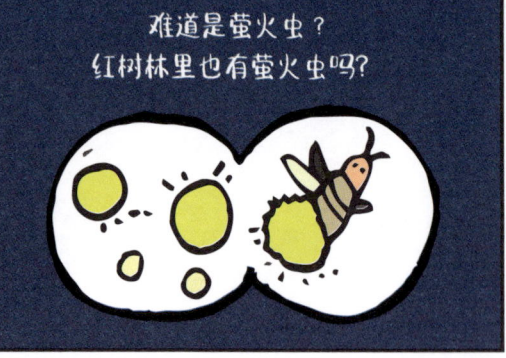

难道是萤火虫？红树林里也有萤火虫吗？

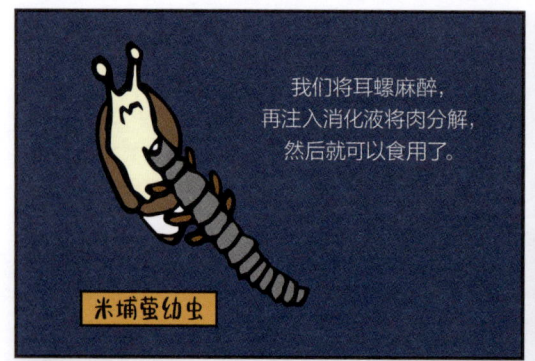

刘博士大讲堂

说到萤火虫,可能大家都不陌生。萤火虫是鞘翅目昆虫,有一对鞘翅和一对膜翅。鞘翅目昆虫最主要的特征是昆虫的前翅特化成坚硬的翅鞘保护里面的膜翅,就像剑鞘保护宝剑一样。

萤火虫可分为水生萤火虫、半水生萤火虫、陆生萤火虫三大类。下面我们来简单了解一下它们短暂而美丽的一生。

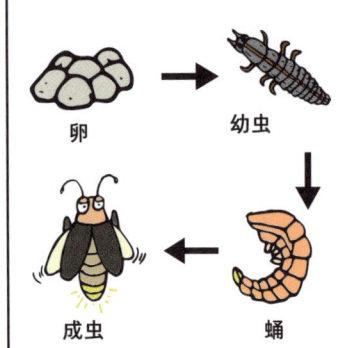

萤火虫的一生要经历四个阶段:卵、幼虫、蛹、成虫。

萤火虫的卵在经过几个月的发育后会变成幼虫的形态。幼虫形态的萤火虫长得有点丑。身体呈长纺锤形,略扁平,有十三个环节。

陆地上的萤火虫幼虫主要吃蜗牛，淡水里的萤火虫幼虫主要吃田螺，而红树林里的萤火虫幼虫主要吃耳螺和拟沼螺。

蜗牛　　**田螺**　　**耳螺**

萤火虫幼虫吃耳螺

付新华 供图

在经过约 10 个月的生长发育后，萤火虫幼虫会钻进土里，变成蛹的形态。

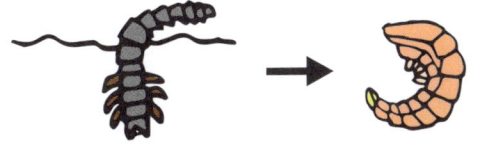

在蛹洞里经过 14—17 天的发育后，萤火虫就蜕变为成虫的形态，也就是我们熟知的萤火虫的样子。然后它们就只剩下 7—10 天的生命，它们要利用这短暂的时间寻找伴侣、繁衍后代。

总算变成最终形态了。

发光是萤火虫成虫求偶的方式。通常来说飞在天上的是雄性萤火虫，腹部有两节发光器。而比较害羞地躲在草丛里的是雌性萤火虫，腹部只有一节发光器。

雄性

雌性

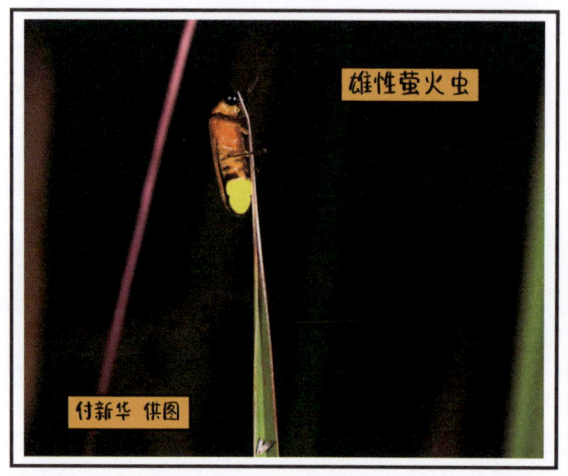
雄性萤火虫
付新华 供图

萤火虫成虫的发光器位于腹部。不同种类的萤火虫发出的光颜色也不一样，有些呈黄色，有些呈绿色。

萤火虫之所以会发光，是因为它们体内的发光细胞含有荧光素和荧光素酶。荧光素在荧光素酶的催化下与氧气发生反应，产生氧化荧光素，反应中释放的能量几乎全部以光的形式释放。

当萤火虫交配成功后，雄性萤火虫会飞走继续寻找配偶，雌性萤火虫则会寻找地方产卵（卵的数量约为 50—100 粒）。随着繁育任务的完成，萤火虫的生命也就走到了尽头。

萤火虫对生态环境的变化极其敏感，只有那些生态环境优质的地方才有可能出现萤火虫。不知道大家上一次见到萤火虫是什么时候？希望我们能保护环境，让我们的子孙后代也能看到萤火虫漫天飞舞的美景。除此之外，我们也应该抵制萤火虫活体买卖、购买萤火虫放飞等人为干扰行为。没有买卖，就没有伤害！

付新华 供图　　漫天飞舞的萤火虫

本回就说到这儿，"蟹蟹"收看！

第 22 回　萤火虫，好久不见

第 23 回
红树林里的百兽之王

全球老虎日

老虎虽然是"森林之王",但由于人类的猎杀和栖息地减少,它们已经成为珍稀濒危物种。每年的7月29日是全球老虎日,希望大家能够共同保护老虎和它们的家园。

全球老虎日到了,可惜老虎不在海边生活。

我是无缘目睹百兽之王的风采了。

不过我会唱《两只老虎》。

两只老虎,两只老虎,跑得快……

哎呀!

 就在石小黄专心思考的时候……

刘博士大讲堂

孟加拉虎又名印度虎,是世界上数量最多、分布最广的虎亚种。

孟加拉虎

孟加拉虎主要生活在印度和孟加拉国,从山地林间到海边红树林都能看到它们的踪迹。孟加拉国和印度交界处的孙德尔本斯国家公园是它们的主要栖息地之一。

孙德尔本斯国家公园

刘博士曾经去过孙德尔本斯国家公园,可惜并没有目击野生的孟加拉虎。不过幸运的是,我们在红树林的淤泥上发现了孟加拉虎的粪便和脚印。

孟加拉虎的脚印

第 23 回 红树林里的百兽之王

或许有人会问,既然孟加拉虎会在红树林里生活,那它吃海鲜吗?其实,在当地的红树林里也生活着孟加拉虎的主要猎物——白斑鹿。除此之外,野猪、野牛甚至鳄鱼等也可能成为孟加拉虎的猎物。所以孟加拉虎在红树林里也不是吃海鲜的。

都是我的菜。

红树林里的白斑鹿

黄一峯 供图

孟加拉虎在捕食猎物的时候,会咬断较小猎物的颈椎或让大型猎物窒息。它们一餐可以吃掉18—40公斤的肉,并在之后的几天不进食。虽然孟加拉虎生性凶猛,但捕食成功的概率却不高,只有约10%。可见生存并不是那么容易的事。

孟加拉虎的毛色多为橙色,有深褐色或黑色条纹。大家可能还听说过白底黑纹的孟加拉虎,这是遗传基因突变的结果。

孟加拉虎属于濒危物种。偷猎、人虎冲突以及栖息地面积的骤减是造成孟加拉虎数量下降的主要原因。

希望人类不再偷猎，保护好红树林生态环境，给孟加拉虎一个安稳的生存环境。

本回就说到这儿，"蟹蟹"收看！

第 24 回
贪吃的带鱼

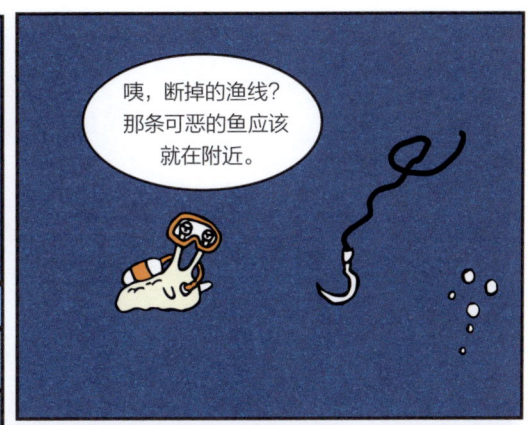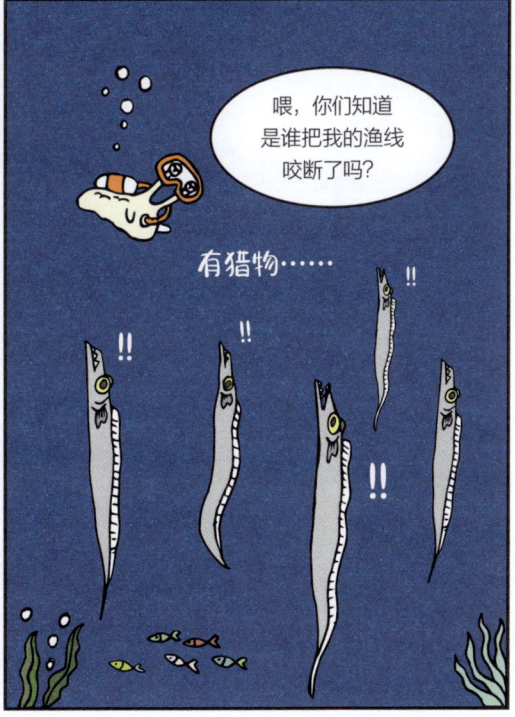

第 24 回 贪吃的带鱼

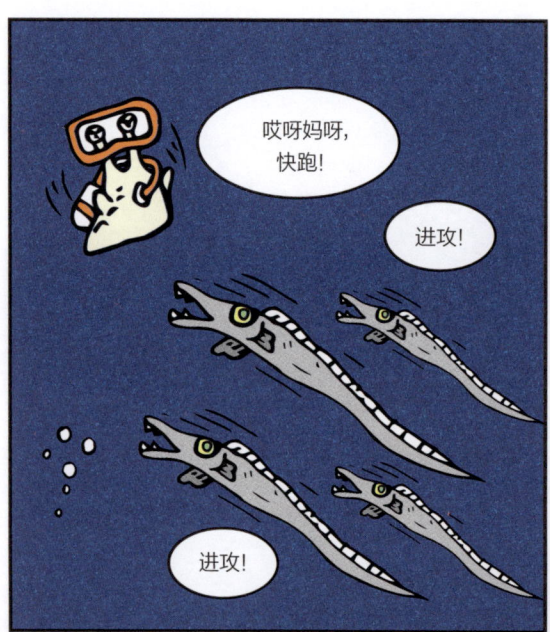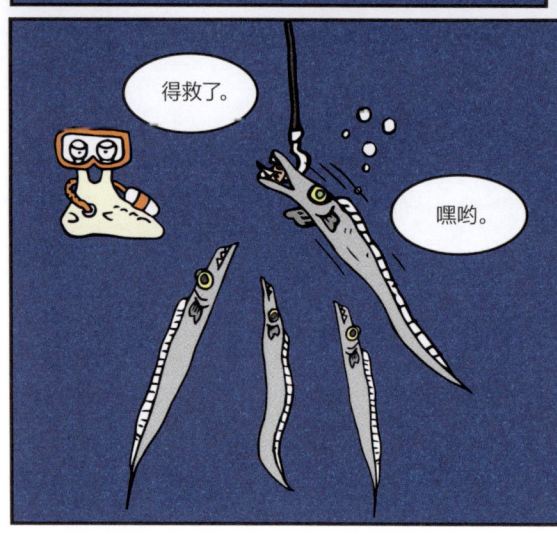

带鱼是鲈形目带鱼科带鱼属的物种,因身体侧扁,像一条银色的皮带,所以被称为带鱼。带鱼喜欢栖息于泥沙底质的大洋深处、近海沿岸或河口。

带鱼

说起带鱼,可能很多人的第一印象就是摆在水产市场上的那一堆堆臭烘烘的东西,有着狰狞的嘴、隆起的大眼珠子、满是伤痕的身体。

伤痕累累的带鱼

其实那是因为带鱼被深海拖网捕捞上来,受不了压力的剧变而面目狰狞,它们的身体也被渔网勒得遍体鳞伤,很快就会因内脏破裂而死。

所以我们平常见到的丑丑的带鱼都是死掉的带鱼,而活着的带鱼其实很美。活的带鱼背鳍及胸鳍呈透明状,通体如镀了层纯银般耀眼,在阳光下甚至能呈现镭射色彩,美艳至极。

要想抓到活着的带鱼，就只能用鱼竿钓了。带鱼白天会潜游到深海，夜晚或阴天便成群上浮至中表层水域。所以晚上是钓带鱼的最佳时机。

带鱼生性凶猛，牙齿锋利，普通的渔线容易被它们咬断，所以要使用更牢固的金属线。带鱼不挑食，小鱼、虾类、软体动物均可作为钓饵。

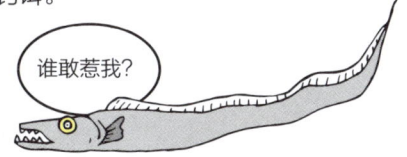

坚牙利齿的带鱼

在钓带鱼的时候，经常会一杆钓上首尾相连的两条甚至三条带鱼，就像漫画中刘博士钓到的那样，这是为什么呢？

原来带鱼不仅贪食，还会同类相残。曾经有相关研究人员解剖了1202条带鱼，发现胃里面35%的食物是其他带鱼。

你是我的菜。　太巧了，你也是我的菜。

当带鱼发现被鱼钩卡住、不断挣扎的同类时，就会乘虚而入，想吃掉它，所以就出现了首尾相连被钓鱼者一锅端的场面。

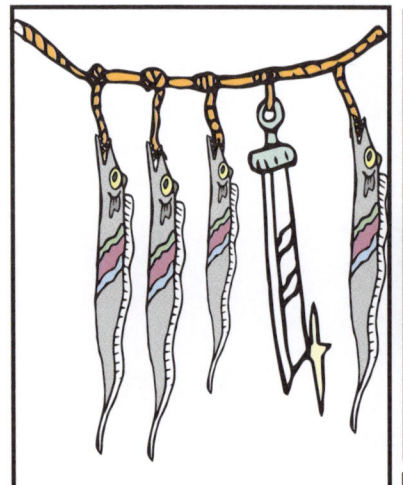

带鱼

张继灵 供图

在还没有深海拖网捕鱼技术的古代,人们将钓起来的新鲜带鱼悬挂起来售卖,远远望去刀光剑影一片,不知道的还以为是刀剑铺呢。

带鱼还有一个很有意思的生活习性。它们在海中会保持身体竖立的状态来节省体力,同时隐藏自己并伺机捕食猎物。

本回就说到这儿,"蟹蟹"收看!

第 25 回 鲛人泣珠的传说

传说很久以前，广西合浦有位勤劳勇敢的小伙子，每天在海上努力工作，打鱼为生。

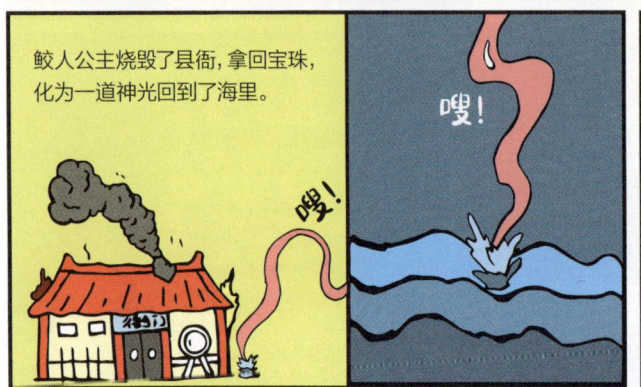

鲛人公主得知后非常生气,她浮出海面,对着官船吐出一口仙气。

顿时海面狂风骤起,巨浪滔天,将官船掀翻,当地的渔民终于不用再被迫下海捞珠。

鲛人公主非常思念死去的丈夫。每当明月升起,她便浮出海面,手捧宝珠,泪如雨下,伤心欲绝。

鲛人公主真挚的感情感动了海中的珠贝,珠贝吞下鲛人公主的眼泪,泪滴却变成了珍珠。于是,合浦一带便成了珠母海,这里出产的珍珠也闻名于世。

太有趣了。

这便是合浦"鲛人泣珠"的传说。

刘博士大讲堂

鲛人泣珠确实是一个凄美的神话传说。但你们知道现实中的珍珠是怎么来的吗？让刘博士来告诉你！

能产珠的贝类被称为"珠母贝"。产珠的原理是异物进入贝类的外套膜，贝类分泌珍珠质包裹异物，从而形成了珍珠。这本是贝类自我保护的一种机制，没想到天长日久却形成了美丽的珍珠。

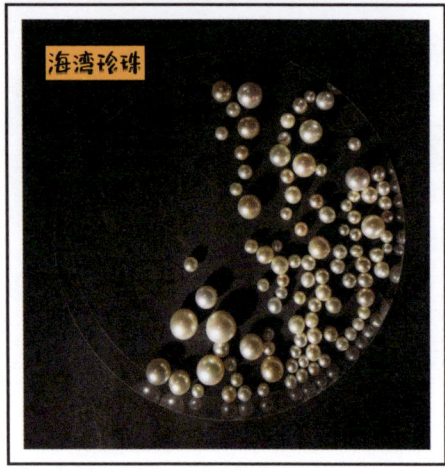

海湾珍珠

其实天然珍珠大部分是由寄生虫形成的，砂粒只是少数。大多数寄生虫是绦虫，其幼虫栖息在黄貂鱼、鲨鱼、鲑鱼等鱼的体内，通过鱼的排泄进入水体，进而寄生在软体动物体内。

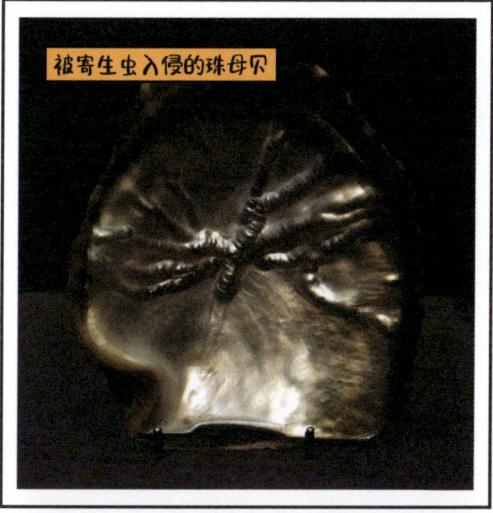

合浦珍珠又称为南珠，多为马氏珠母贝所产。南珠细腻浑圆，瑰丽多彩，光泽经久不变，自汉朝起就闻名天下了，素有"东珠不如西珠，西珠不如南珠"之美誉。（东珠：东北三省江里的淡水珠；西珠：西方国家所产的珍珠。）

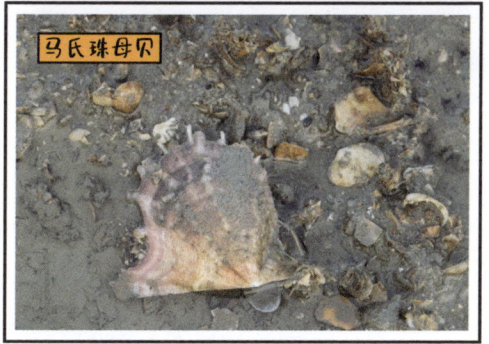

早期的珍珠都是靠当地渔民冒着生命危险下海捕捞而得。在古代，采珠是一件极其危险的事，采珠人几乎没有任何保护措施。深海冰冷的海水、海底四处游动的鲨鱼时刻威胁着采珠人的生命。

更让人唏嘘的是，采珠人冒死侥幸采到的珍珠，到头来却不是自己的。在古代，好的产珠地往往被朝廷控制，渔民采到的珍珠要上交给朝廷。

后来古人研究出了一种人工种植珍珠的办法,但只能种出半球状的珍珠。他们将厚贝壳研磨成半球状,置入贝肉中,一年之后便可长成珍珠了。此法种出的珍珠虽呈半球状,却不耽误用于各种装饰,因为古人经常把珍珠劈为两半使用。

用于装饰宝刀的半圆珍珠

如今的种珠技术有所进步,可以种出圆珠。人们将厚贝壳研磨成球状的珠核塞进贝肉中,再剪下一片其他贝类的外套膜贴在核上,置入海中。

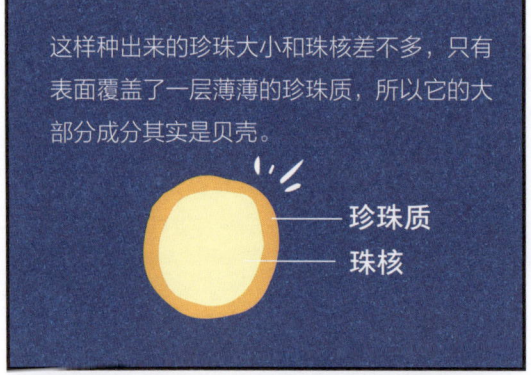

这样种出来的珍珠大小和珠核差不多,只有表面覆盖了一层薄薄的珍珠质,所以它的大部分成分其实是贝壳。

珍珠质
珠核

除了常见的产珠贝类(如产南珠的马氏珠母贝),其他贝类也有机会产珠,如贻贝、牡蛎、扇贝、瓜螺等。部分非主流的珍珠被称为"美乐珠",它们的颜色往往是鲜艳的橙色、粉色等,和普通珍珠的颜色还是有所不同的。

美乐珠

扇贝贝壳及其珍珠

本回就说到这儿,"蟹蟹"收看!

第 26 回
长大是件危险的事儿

国际臭氧层保护日

每年的9月16日是国际臭氧层保护日。臭氧层是地球的"保护伞",对人类健康和生态环境至关重要。保护臭氧层就是保护蓝天,保护地球生命。

哎呀,我的玩具沙球!

韦氏毛带蟹吐出的拟粪

骨碌碌……

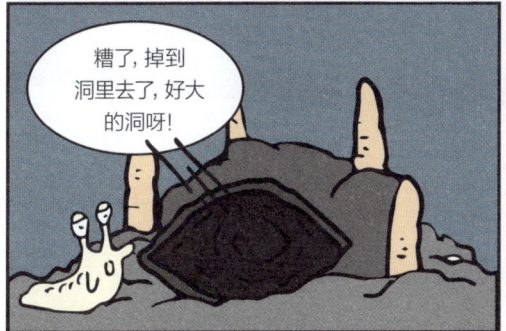

糟了,掉到洞里去了,好大的洞呀!

住里面的家伙应该也不好惹吧,不敢冒险进去捡球,怎么办呢?

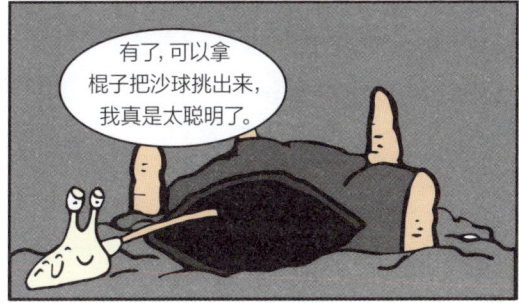

有了,可以拿棍子把沙球挑出来,我真是太聪明了。

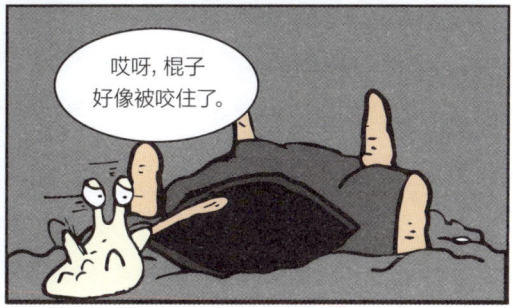

哎呀,棍子好像被咬住了。

几分钟后……

刘博士大讲堂

锯缘青蟹是梭子蟹科青蟹属甲壳动物,喜穴居于近岸浅海和河口处的泥沙底。食用种,红树林盛产,也被大量养殖。

锯缘青蟹的头胸甲为椭圆形,青绿色,表面光滑,前缘呈锯齿状。螯足壮大,稍不对称。最后一对步足扁平呈桨状,用于游泳。

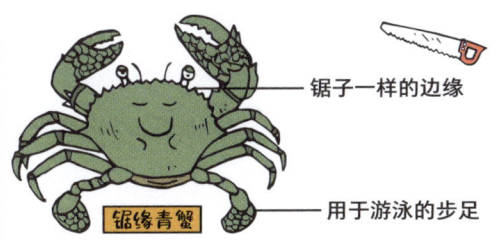

锯子一样的边缘

用于游泳的步足

锯缘青蟹

锯缘青蟹　张继灵 供图

锯缘青蟹又叫"红鲟",肉质鲜美,营养丰富,尤其体内含有红色膏的雌蟹,简直美味无比。在福州有一道以锯缘青蟹为主料的名菜——八宝红鲟饭,常见于宴会餐桌。

人工养殖的锯缘青蟹，在天气热的时候一般90天左右就可以出售，而天冷的时候一般110天才可以出售。从出生到摆上餐桌，锯缘青蟹的一生还是挺短暂的。

为什么蟹类及虾类在煮熟之后颜色就变红了？原来，虾蟹体表的颜色由甲壳真皮层中的色素物质决定，这些色素基本都是青黑色。因此，通常情况下，虾蟹一般呈青黑色。但其中还有一种色素叫作虾青素，虾青素原本是红色的，但是在与蛋白质结合的时候，红色不显现出来。

虾青素

在高温加热的时候，大部分的色素物质被破坏，而虾青素性质稳定，遇高温不被破坏，反而和蛋白质脱离，从而呈现出了原本的红色。故而煮熟的虾蟹会变成红色。

锯缘青蟹的一对螯足强壮有力，可以轻易夹断小鱼小虾，甚至夹破人的手指，所以人们抓获锯缘青蟹后都会拿绳子捆住它的双螯，减少被夹的风险。

和其他螃蟹一样，锯缘青蟹只有在换壳的时候才能长大。蜕壳的时候，它们会用柔软的新身体顶开自己坚硬的头胸甲，然后慢慢地破"茧"而出。

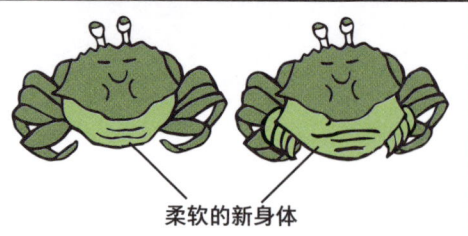

柔软的新身体

刚蜕壳的锯缘青蟹外壳十分柔软,对外界的威胁没什么防御力。6—7小时后,它的甲壳逐渐变硬,3—4天后则完全变硬。锯缘青蟹的一生要经历约13次蜕壳。

最后刘博士教大家一个简单的办法来快速分辨螃蟹的性别。把螃蟹翻个面,腹甲呈三角形的是公蟹,呈椭圆形的则是母蟹。

罗理想 供图

左为公蟹,右为母蟹

本回就说到这儿,"蟹蟹"收看!

第 27 回
装神弄鬼的海豆芽

第 27 回 装神弄鬼的海豆芽

前面的黑影让石小黄忐忑不安,但这是回家的必经之路,只好硬着头皮往前走,谁知道……

刘博士大讲堂

海豆芽是腕足动物门海豆芽科的物种，生活在温带至热带海域，可以在退潮的潮间带区域见到它们。

海豆芽也被称为"舌形贝"，外壳呈舌形，还有一条长长的肉茎，和我们平常吃的豆芽特别像。

海豆芽　　豆芽

要是用笔在海豆芽上添上几笔的话，真的很像长着角的小鬼。

被画成鬼脸的亚氏海豆芽

虽然海豆芽也有两片外壳,但它是腕足动物,和我们熟知的双壳纲动物还是有区别的。海豆芽的外壳是上下翻开的,像翻盖手机一样,而双壳纲动物是左右开壳,像书本一样。

从五亿年前的寒武纪开始,腕足动物就已经出现在地球上了。很可能是因为它们太"宅"了,才能存活至今,哈哈!

海豆芽会利用强壮的肉茎钻洞隐藏自己,一般情况下都躲在泥沙里,靠滤食海里的微小生物维生。

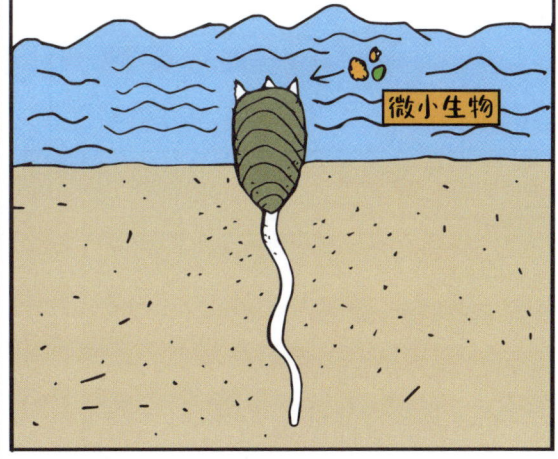

除此之外,海豆芽还是一道美味的海鲜。它的肉茎鲜美有嚼劲,无论爆炒还是凉拌,都特别美味。

本回就说到这儿,"蟹蟹"收看!

第 28 回
爱吹牛的中华乌塘鳢

野生动物宣传月

每年的 11 月是全国野生动物宣传月,在这个月里,希望更多人能意识到保护野生动物的重要性,积极参与野生动物保护活动,传播热爱大自然、关爱野生动物的绿色理念。

过了一会儿，蟹无敌的帮手来了……

刘博士大讲堂

中华乌塘鳢是塘鳢科乌塘鳢属的一种鱼类,大多栖息于浅海、内湾、咸淡水水域或红树林湿地。

中华乌塘鳢身体呈圆柱状,有暗褐色的条纹,尾部有圆形的睛斑。体长约20厘米。

中华乌塘鳢

中华乌塘鳢

中华乌塘鳢尾部的睛斑看上去就像眼睛一样，可以把尾部伪装成头部，使敌人迷惑，误把尾巴当头部攻击，它就可以趁机逃脱。

中华乌塘鳢有个别称叫"蟳虎"，顾名思义就是吃蟳的鱼，而"蟳"是锯缘青蟹或拟穴青蟹的别称。

蟳/锯缘青蟹

虽然中华乌塘鳢生性凶狠，可以捕食鱼、虾、蟹，但它捕食的大部分是体形较小的小鱼、小虾、小蟹。

对于锯缘青蟹这种块头大、大螯有力、外壳坚硬的狠角色，中华乌塘鳢是无从下嘴的，甚至遇到都要躲避。只能等锯缘青蟹蜕壳时期，最柔软脆弱时，用强有力的尾巴将其打残，再慢慢吃掉。

动我一下试试？

现在惹不起，你给我等着。

中华乌塘鳢有个特别的绝招：在离开水的情况下，可以在阴湿的环境下保持一星期左右不死亡。所以在退潮后它们会躲藏于滩涂的泥土中、螃蟹洞穴里或岩石缝中。

本回就说到这儿，"蟹蟹"收看！

第 29 回
土笋冻原来不是"笋"

世界土壤日

土壤虽不起眼,却是粮食安全、水安全和生态系统安全的基础,土壤养分流失被认为是影响全球粮食安全和可持续性的最关键问题之一。每年的12月5日是世界土壤日,在这一天,让我们去探索土壤吧。

哎呀,不好了,有危险!

哈哈哈,有猎物。

离家太远了,怎么办?得找个地方躲起来。

第 29 回 土笋冻原来不是"笋"

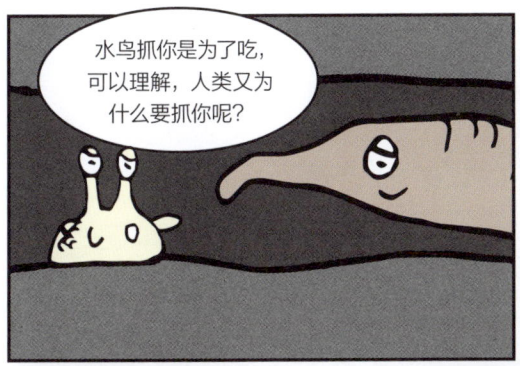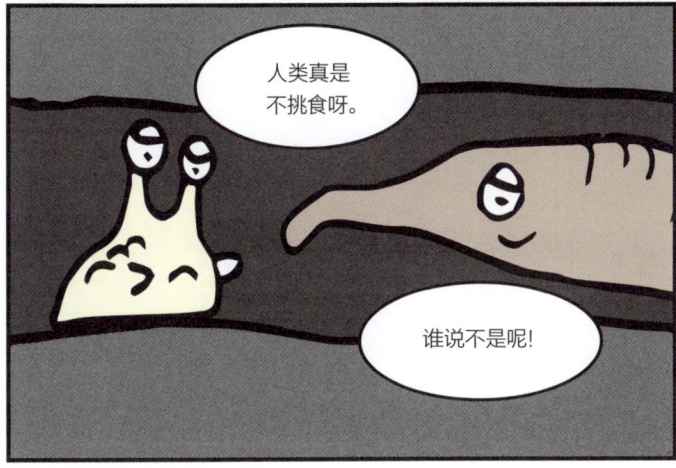

刘博士大讲堂

弓形革囊星虫俗称土笋、泥丁,隶属于星虫动物门,因味道可口,吃起来爽脆香甜,又被称作可口革囊星虫。

弓形革囊星虫长约 10—15 厘米,体表光滑无毛,虫体分为细细的吻部和相对粗大的躯干两部分。它的吻部就是我们通常指的头部,可以自由伸缩。

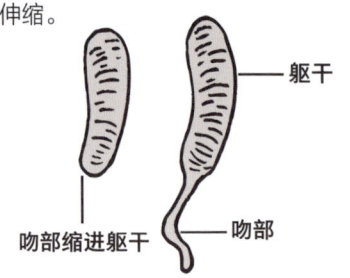

吻部缩进躯干　　吻部　　躯干

弓形革囊星虫主要分布于淤泥质或泥沙质滩涂中,在红树林根系周围更密集。它的吻部前端有一圈触手,可以在涨潮时伸出吻部觅食。

吻部前端的小触手

弓形革囊星虫的主要食物是有机碎屑，因此是非常重要的分解者。它们在红树植物根系周围密集分布，通过掘穴改善根系周围的土壤通气状况，它们的排泄物也具有养分，有助于红树植物的生长。

在福建沿海尤其是闽南地区，有一种著名的小吃——土笋冻。这种食物按字面理解应该是用"土"里的"笋"做成的"冻"，然而，这个"笋"并不是竹笋，而是弓形革囊星虫。

土笋冻是将去除内脏后的弓形革囊星虫熬煮出胶质后冷却凝结而成。此外，弓形革囊星虫还被用于煲汤及炒菜。

弓形革囊星虫还有一个"亲戚"叫裸体方格星虫，同样也十分美味。它的体表布满交错的网状花纹，所以名字中带有"方格"二字。

裸体方格星虫

在国内人们对星虫的需求旺盛,星虫已经被过度采集食用。在红树林区采集弓形革囊星虫,渔民需要用锄头挖土寻找,而由于星虫常集中分布于红树植物的根系周围,这就导致许多红树植物的根系在采集过程中被损伤,影响红树植物的生长,甚至导致其死亡。

裸体方格星虫通常钻洞较深,一些不法分子会使用高压水枪采集它们。高压水枪巨大的冲刷力会将沙滩一片片翻个底朝天,底栖的各种动物都会被翻出来,包括各种贝类、螃蟹,也包括裸体方格星虫。

高压水枪是一种不可持续的方法,对沙滩生态系统的破坏是毁灭性的,已经被当地渔政部门明令禁用。希望大家合理取用大自然的馈赠,让自然生态系统可持续发展。

本回就说到这儿,"蟹蟹"收看!

第 30 回
拯救小黑皮大作战

刘博士大讲堂

蜈蚣网是沿海渔民定点放置的捕鱼网,因为长得像蜈蚣和火车,所以又叫"蜈蚣网""火车笼"。

蜈蚣网

石小黄能救出其他动物吗?在漫画中或许可以,但在现实生活中,谁也救不了它们。因为一旦不小心被蜈蚣网困住,基本就出不来了。

蜈蚣网

罗理想 供图

黑脸琵鹭在蜈蚣网边觅食
罗理想 供图

蜈蚣网特殊的漏斗状设计让鱼、虾、蟹等海洋动物只能进不能出。

有些渔民为了增加打鱼收获,在沿海大量放置蜈蚣网,进入的鱼、虾无论大小一并抓走,这种涸泽而渔的打鱼方式,严重危害了渔业的可持续发展。

除了鱼、虾、蟹,一些鸟类也会被蜈蚣网困住,甚至断送性命。可见蜈蚣网对海洋生态环境的危害巨大。

好在近年来,相关部门提高重视程度,加大打击力度,对使用蜈蚣网及其他禁用渔具非法捕捞的行为进行了专项整治,但还是有部分渔民铤而走险。

刘博士呼吁大家,如果发现渔民使用蜈蚣网等禁用渔具进行捕捞,应予以教育劝阻,或者向有关部门举报。保护好海洋生态环境,其实也是在保证渔民生产生活的可持续发展。

本回就说到这儿,"蟹蟹"收看!

物种小档案

作者注：近年来，由于分子生物学等新的分类手段的运用和体系的建立，分类学正发生着日新月异的变化，使不少分类阶元和物种的拉丁学名都随之发生了变化，但其对应的中文名并未及时更新。因此，为了体现最新的分类学成果，本书中所有分类阶元的拉丁名以及物种的拉丁学名均采用国际最新的分类系统，并以权威海洋分类学数据库——世界海洋物种目录（WoRMS）为依据，而分类阶元及物种的中文名以学界定名为准，并秉承以下几个原则：1. 最新、权威、可追溯；2. 若暂无定名则不写，不随意自创，极个别合理的除外。

第1回

中 文 名：双吻前口蝠鲼
拉 丁 名：*Mobula birostris*
科　　名：鲼科 Myliobatidae
属　　名：蝠鲼属 *Mobula*
别　　名：鬼蝠、埃氏前口蝠鲼、巨鬼蝠、魔鬼鱼、飞魟仔
分布区域：分布于世界各大洋热带、亚热带海域，是腹孔类中的最大者。

第2回

中 文 名：鞍带石斑鱼
拉 丁 名：*Epinephelus lanceolatus*
科　　名：鮨科 Serranidae
属　　名：石斑鱼属 *Epinephelus*
别　　名：龙趸、花尾龙趸、龙胆石斑、鳃鱼
分布区域：分布于印度-太平洋海域，通常居住在珊瑚礁区及周围的洞穴或岩缝中，有时也会出现在河口。

第3回

中 文 名：粒突箱鲀
拉 丁 名：*Ostracion cubicum*
科　　名：箱鲀科 Ostraciidae
属　　名：箱鲀属 *Ostracion*
别　　名：木瓜、金木瓜
分布区域：广泛分布于印度-太平洋热带海域，栖息于潟湖或珊瑚礁区。

第4回

中 文 名：绛体管口螠
拉 丁 名：*Ochetostoma erythrogrammon*
科　　名：绿螠科 Thalassematidae
属　　名：管口螠属 *Ochetostoma*
别　　名：无
分布区域：多分布于潮间带中潮区、低潮区的泥沙质底，掘穴生活。

第5回

中 文 名：秋茄
拉 丁 名：*Kandelia obovata*
科　　名：红树科 Rhizophoraceae
属　　名：秋茄属 *Kandelia*
别　　名：水笔仔
分 布 区 域：在我国，凡是有红树林分布的地方均有秋茄，多分布于群落外缘。

第6回

中 文 名：白边侧足海天牛
拉 丁 名：*Elysia leucolegnote*
科　　名：海天牛科 Plakobranchidae
属　　名：海天牛属 *Elysia*
别　　名：无
分 布 区 域：多分布于潮间带淤泥质的红树林滩涂，常聚群生活在红树林内阴凉的小水坑中。

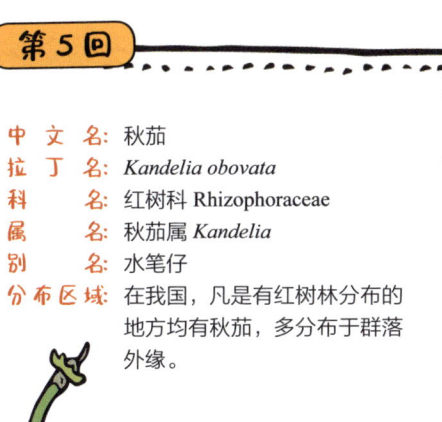

第7回

中 文 名：长吻海蛇
拉 丁 名：*Hydrophis platurus*
科　　名：眼镜蛇科 Elapidae
属　　名：海蛇属 *Hydrophis*
别　　名：黄腹海蛇、黑背海蛇、裂颊海蛇
分 布 区 域：分布于世界热带海域，终生生活在海水中，并在海中繁殖，有时会成千上万条聚集在海面上游弋。

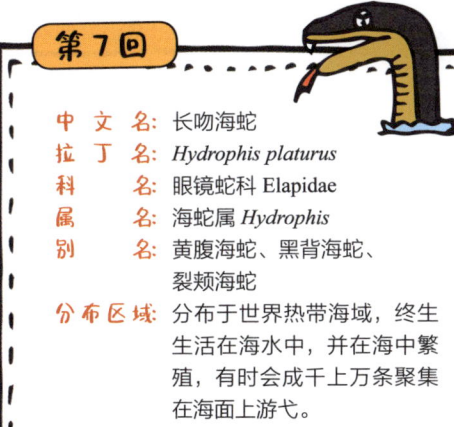

第8回

中 文 名：勺嘴鹬
拉 丁 名：*Calidris pygmaea*
科　　名：鹬科 Scolopacidae
属　　名：滨鹬属 *Calidris*
别　　名：琵嘴鹬、匙嘴鹬
分 布 区 域：在寒冷的俄罗斯东北部繁殖，冬季来临前沿着太平洋西岸迁徙，最终到达中国东南沿海和东南亚越冬。

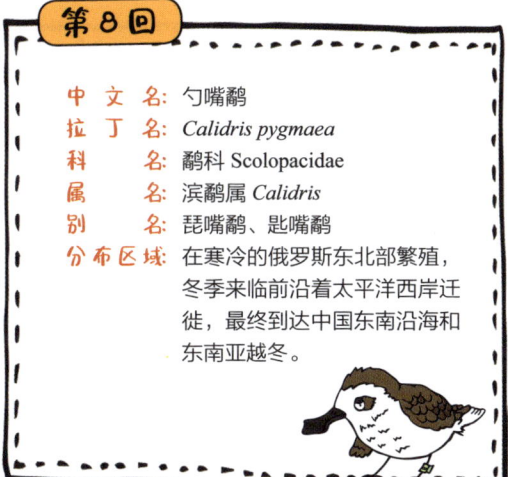

第 9 回

- 中 文 名：白氏文昌鱼
- 拉 丁 名：*Branchiostoma belcheri*
- 科　　名：文昌鱼科 Branchiostomatidae
- 属　　名：文昌鱼属 *Branchiostoma*
- 别　　名：厦门文昌鱼、无头鱼、鳄鱼虫
- 分布区域：分布于我国福建、山东、河北和广东等地沿海潮间带低潮区至潮下带的沙质底，印度－西太平洋、东非等海域也有分布。

第 10 回

- 中 文 名：缢蛏
- 拉 丁 名：*Sinonovacula constricta*
- 科　　名：灯塔蛏科 Pharidae
- 属　　名：缢蛏属 *Sinonovacula*
- 别　　名：青子、蛏子、泥蛏、涂蛏、毛蛏蛤、毛蛏
- 分布区域：分布在风平浪静、潮流畅通、底质松软、有淡水注入的潮间带中潮区与低潮区的内湾，在红树林外滩涂上尤其多。

第 11 回

- 中 文 名：霜鹿角珊瑚
- 拉 丁 名：*Acropora pruinosa*
- 科　　名：鹿角珊瑚科 Acroporidae
- 属　　名：鹿角珊瑚属 *Acropora*
- 别　　名：霜轴孔珊瑚
- 分布区域：分布于热带海域的潮间带低潮线附近至浅海，营固着生活。

第 12 回

- 中 文 名：白鹭
- 拉 丁 名：*Egretta garzetta*
- 科　　名：鹭科 Ardeidae
- 属　　名：白鹭属 *Egretta*
- 别　　名：小白鹭、白鹭鸶
- 分布区域：广泛分布于各类湿地环境，包括湖沼、河流、溪流、水田等淡水湿地，以及海岸沙滩、滩涂和红树林等滨海湿地。

第 13 回

中　文　名：逍遥馒头蟹
拉　丁　名：*Calappa philargius*
科　　　名：馒头蟹科 Calappidae
属　　　名：馒头蟹属 *Calappa*
别　　　名：眼斑馒头蟹、馒头蟹
分 布 区 域：多分布于潮间带低潮区至浅海沙质或泥沙质底。

第 14 回

中　文　名：日本鳗鲡
拉　丁　名：*Anguilla japonica*
科　　　名：鳗鲡科 Anguillidae
属　　　名：鳗鲡属 *Anguilla*
别　　　名：白鳝、青鳝、鳗鱼、白鳗
分 布 区 域：分布于中国、菲律宾群岛、马来半岛、朝鲜半岛和日本等地的淡水溪流中，属于降海产卵的洄游性鱼类，成熟个体于秋、冬季顺河游到大洋深处产卵。

第 15 回

中　文　名：龙头鱼
拉　丁　名：*Harpadon nehereus*
科　　　名：狗母鱼科 Synodontidae
属　　　名：龙头鱼属 *Harpadon*
别　　　名：狗吐鱼、水定、鼻涕鱼、豆腐鱼、九肚鱼
分 布 区 域：多分布于泥沙质底的浅海海域，属于沿海中下层鱼类。

第 15 回

中　文　名：口虾蛄
拉　丁　名：*Oratosquilla oratoria*
科　　　名：虾蛄科 Squillidae
属　　　名：口虾蛄属 *Oratosquilla*
别　　　名：皮皮虾、濑尿虾、螳螂虾、虾耙子、琵琶虾
分 布 区 域：分布于潮间带中、低潮区至浅海的沙质或泥沙质底，掘穴生活。

第 16 回

中 文 名：欧亚水獭
拉 丁 名：*Lutra lutra*
科 　 名：鼬科 Mustelidae
属 　 名：水獭属 *Lutra*
别 　 名：水獭
分布区域：分布于亚洲和欧洲的淡水环境中，包括湖泊、河流、溪涧和池塘等，也会栖息于沿海红树林区。

第 17 回

中 文 名：绿海龟
拉 丁 名：*Chelonia mydas*
科 　 名：海龟科 Cheloniidae
属 　 名：海龟属 *Chelonia*
别 　 名：绿蠵龟、海龟、青海龟、石龟
分布区域：广泛分布于热带、亚热带海域，以大型藻类和海草为食，靠肺呼吸，因此每隔一段时间都要浮出海面换气。繁殖季节上岸到人迹罕至的沙滩产卵。

第 18 回

中 文 名：黑岛侧鳃螺
拉 丁 名：*Costasiella kuroshimae*
科 　 名：侧鳃螺科 Costasiellidae
属 　 名：侧鳃螺属 *Costasiella*
别 　 名：叶羊、小绵羊海蛞蝓、藻类海蛞蝓
分布区域：分布于日本、菲律宾、印度尼西亚等地藻类丰富的潮下带至浅海。

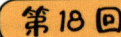

第 18 回

中 文 名：绿叶海天牛
拉 丁 名：*Elysia chlorotica*
科 　 名：海天牛科 Plakobranchidae
属 　 名：海天牛属 *Elysia*
别 　 名：绿叶海蛞蝓
分布区域：分布于美国和加拿大等地的盐沼、池塘中。

第 19 回

中 文 名：长海蜗牛
拉 丁 名：*Janthina globosa*
科　　名：海蜗牛科 Janthinidae
属　　名：海蜗牛属 *Janthina*
别　　名：紫螺
分布区域：分布于世界温暖海域，终身营浮游生活。

第 20 回

中 文 名：日本海马
拉 丁 名：*Hippocampus mohnikei*
科　　名：海龙科 Syngnathidae
属　　名：海马属 *Hippocampus*
别　　名：莫氏海马
分布区域：常分布于沿海及内湾的潮间带中潮区至浅海的海藻丛或柳珊瑚中，以尾部缠绕藻体或柳珊瑚。

第 21 回

中 文 名：大黄鱼
拉 丁 名：*Larimichthys crocea*
科　　名：石首鱼科 Sciaenidae
属　　名：黄鱼属 *Larimichthys*
别　　名：黄花鱼、黄瓜鱼、大金条
分布区域：洄游性鱼类，冬天在远海越冬，春天在近海产卵。

第 22 回

中 文 名：米埔萤
拉 丁 名：*Pteroptyx maipo*
科　　名：萤科 Lampyridae
属　　名：曲翅萤属 *Pteroptyx*
别　　名：香港曲翅萤、米埔曲翅萤
分布区域：主要分布于我国香港米埔和天水围红树林湿地，在广东西部沿岸和海南亦有分布。幼虫在红树林滩涂取食拟沼螺和耳螺。

第 23 回

中　文　名：孟加拉虎
拉　丁　名：*Panthera tigris tigris*
科　　　名：猫科 Felidae
属　　　名：豹属 *Panthera*
别　　　名：印度虎、老虎
分布区域：主要分布于印度和孟加拉国，在两国之间的孙德尔本斯三角洲红树林里还生活着 100 多只野生个体。

第 24 回

中　文　名：带鱼
拉　丁　名：*Trichiurus lepturus*
科　　　名：带鱼科 Trichiuridae
属　　　名：带鱼属 *Trichiurus*
别　　　名：白带鱼、东带鱼
分布区域：多分布于泥沙质底的大洋深处、近海沿岸或河口。

第 25 回

中　文　名：马氏珠母贝
拉　丁　名：*Pinctada imbricata*
科　　　名：珠母贝科 Margaritidae
属　　　名：珠母贝属 *Pinctada*
别　　　名：合浦珠母贝
分布区域：分布于潮间带低潮区至浅海，常栖息于混有石砾和贝壳碎屑的泥沙质底，有些也依靠足丝附着在小石块或其他贝壳等附着物上生活。

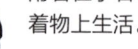

第 26 回

中　文　名：锯缘青蟹
拉　丁　名：*Scylla serrata*
科　　　名：梭子蟹科 Portuninae
属　　　名：青蟹属 *Scylla*
别　　　名：蝤蛑、蟳蝤、青蟹、黄甲蟹、红蟳
分布区域：多分布于近岸或河口附近盐度较低的潮间带至浅海。

第 27 回

中 文 名：亚氏海豆芽
拉 丁 名：*Lingula adamsi*
科　　名：海豆芽科 Lingulidae
属　　名：海豆芽属 *Lingula*
别　　名：舌形贝、海豆芽
分布区域：分布于潮间带中潮区与低潮区的沙质、泥沙质或淤泥质底，靠长而肥厚的柄部钻洞固着。

第 28 回

中 文 名：中华乌塘鳢
拉 丁 名：*Bostrychus sinensis*
科　　名：塘鳢科 Eleotridae
属　　名：乌塘鳢属 *Bostrychus*
别　　名：乌塘鳢、蝌虎
分布区域：多分布于沿海内湾和河口咸、淡水水域的潮间带中潮区与低潮区及红树林区的潮沟里，退潮时会躲藏在泥滩的孔隙或石缝中。

第 29 回

中 文 名：弓形革囊星虫
拉 丁 名：*Phascolosoma (Phascolosoma) arcuatum*
科　　名：革囊星虫科 Phascolosomatidae
属　　名：革囊星虫属 *Phascolosoma*
别　　名：可口革囊星虫、泥丁、海丁、泥蒜
分布区域：多栖息在潮间带高潮区和潮上带盐碱性草类丛生的泥沙中，也常分布于高潮区红树林根系周围。

第 30 回

中 文 名：黑脸琵鹭
拉 丁 名：*Platalea minor*
科　　名：鹮科 Threskiorothidae
属　　名：琵鹭属 *Platalea*
别　　名：黑面琵鹭、黑琵、黑面鹭、黑琵鹭、琵琶嘴鹭
分布区域：主要在朝鲜半岛西部海岸和我国辽宁部分海岛上繁育，冬季来临前迁徙到我国东南沿海和日本、越南、泰国等地越冬。在潮间带、养殖塘、红树林，甚至撂荒农田中均可见。

作者有话说

2001年，我们创立了中国红树林保育联盟，致力于推动以红树林为主的滨海湿地的基础研究、保护、修复、公众参与和教育工作。在过去的二十年里，我们走进了上千个学校和社区，与数十万的受众互动，我们发现公众对于红树林和其他滨海湿地的认知异常匮乏，他们问得最多的三个问题是："红树林是红色的吗？""这是什么海洋生物？""您推荐哪些科普书籍？"

显然，滨海湿地及其生物多样性的科普工作仍任重道远。

寻找一种合适的题材，在保证科学性和前沿性的基础上，将生涩难懂的科学研究转化为通俗易懂的科普知识，并使其风趣灵动，老少咸宜，是提升公众意识的最佳途径。于是，2019年4月，"红树慢漫画"诞生，并在公众号连载至今。

2022年，在"红树慢漫画"的基础上，我们对故事进行改编更新，并创作了一些全新的物种故事,创作了《我们赶海去1》和《我们赶海去2》。两本书正式出版后获得了大量读者的好评,也收到许多读者的反馈,希望尽快看到续集。于是,这系列的第三部《我们赶海去:海边生物的节日》诞生了。本书以"节日"为主轴,共选择30个中国传统节日和环境保护节日,以漫画的形式讲述一个个与对应节日相关的物种故事。每一回分为漫画故事和"刘博士大讲堂"两部分,介绍了超过30个有代表性的物种,也系统介绍了滨海湿地及其生物多样性。

我们希望将二十多年的科研、科普和保育经验浓缩成这一系列科普漫画书,在回答那三个最常见问题的同时,慢慢把海洋和滨海湿地的故事说给你听。

刘毅

图书在版编目（CIP）数据

我们赶海去：海边生物的节日 / 刘毅著；林俊卿著、绘. -- 北京：北京联合出版公司，2023.4
 ISBN 978-7-5596-6776-2

Ⅰ. ①我… Ⅱ. ①刘… ②林… Ⅲ. ①海涂—海洋生物—少儿读物 Ⅳ. ①P745-49

中国版本图书馆CIP数据核字(2023)第053807号

我们赶海去：海边生物的节日

著　　者：刘　毅　林俊卿
绘　　者：林俊卿
出 品 人：赵红仕
选题策划：银杏树下
出版统筹：吴兴元
编辑统筹：周　茜
特约编辑：马永乐　雷淑容
责任编辑：管　文
营销推广：ONEBOOK
装帧制造：墨白空间·杨阳

北京联合出版公司出版
（北京市西城区德外大街83号楼9层　100088）
后浪出版咨询（北京）有限责任公司发行
河北中科印刷科技发展有限公司印刷　新华书店经销
字数35千字　787毫米×1092毫米　1/24　10印张
2023年4月第1版　2023年4月第1次印刷
ISBN 978-7-5596-6776-2
定价：60.00元

后浪出版咨询(北京)有限责任公司版权所有，侵权必究
投诉信箱：copyright@hinabook.com　fawu@hinabook.com
未经许可，不得以任何方式复制或抄袭本书部分或全部内容
本书若有印、装质量问题，请与本公司联系调换，电话 010-64072833